大是文化

THE WISDOM OF THE BULLFROG

唯一輕鬆的一天，是昨天

威廉・麥克雷文上將——著
WILLIAM H. MCRAVEN

李皓歆——譯

Contents

各界讚譽

「作者將其一生在軍隊以及隨後在其他機構的成功經驗，濃縮在這本簡潔、詼諧、快節奏的書中，並為當前的領導者提供豐富的經驗和常識，以應對眾多挑戰。」

——勞勃．蓋茨（Robert Gates），美國前國防部長、中央情報局（Central Intelligence Agency，簡稱ＣＩＡ、中情局）局長

「不論其規模或階級，任何領導者都該參考這本重要作品。」

——喬可．威林克（Jocko Willink），美國海軍退役軍官、海豹部隊訓練官、暢銷書作家

「我們這時代最完美的軍事領袖之一，對領導所需的智慧有趣且直接的討論。麥克雷文上將的書，是本引人深思且淺顯易懂的領袖指南，絕對能幫助每個人成為更好的領導者和人。」

——史丹利・麥克克里斯托（Stanley McChrystal），美國陸軍退役上將

推薦序

每一天，都有新的挑戰

尚學管理顧問有限公司總經理、郝聲音 Podcast 主持人／郝旭烈

領導，從來不是件容易的事。

領導不僅是從屬、同儕關係，更多時候還包含自身的「思維」、「行為」，以及如何變成心目中理想模樣的「成為」，這些都脫離不了領導核心的本質。

尤其在未知與不確定性瞬息萬變的眼下世代，不論是企業存續，又或者是人生方向選擇，就如同本書作者——海軍上將威廉．麥克雷文（William H. McRaven）在四十年軍旅生涯面對的戰場一般，唯有具備領導智慧，才能結合團隊力量，獲得更大的勝出機會。

像我在創投領域浸淫多年，看過不計其數的新創團隊和成熟企業，從來沒

有任何公司把昨天輝煌當成是明天必然，而能持續成功。

反之，有許多創業家，在撰寫完商業企劃書之後，時常會分享的一句話就是：「**目標雖然必要，但是目標真正的意義，從來不在達成，而是讓我們得以開始。**」

因為，明天永遠是新的一天。

新的一天，就會有新的狀況、新的訊息、新的挑戰，既然如此，面對所有的「新」，就無法用過去的「已知」來輕鬆面對。這就是為什麼，本書要以「唯一輕鬆的一天，是昨天」，來點明每一個人領導思維中需要具備的基本心態。

綜觀全書，作者列出了十八則名言作為良好領導者應具備的特質和關鍵，在細細品味後，我把它歸納成重要的三點指導方針和框架：

• 以身作則

不管是自身品格、才能建立、隨時在第一線了解真實狀況，或者是重大事件的責任承擔，以及身先士卒的把「我來」當成是掛在嘴邊的口頭禪等。上述種種都說明，良好的領導力，必須從自身做起，「領」著大家，才能夠「導」引團隊到想要去的方向。

如同《大學》中說的：「格物、致知、誠意、正心、修身、齊家、治國、平天下。」是一樣的道理。

• 超越期待

〈就算被派到管理花車，也要做到最棒〉一篇，就是作者想特別強調：不分大小事，都要竭盡全力做到最好。不僅僅是因為魔鬼都藏在細節裡，更重要的關鍵，是這種超越期待的「習慣」才更有機會勝出。因為所有成功，都不是單一事件造成，而是集合眾人力量才能成就的事物。

如果一百個人，都做到一〇〇％的努力，那麼結果將會是百分之百的滿分。但如果一百個人，每人都只做到九九％，那麼九九％的一百次方後，就只剩下近三七％的良率。這也就是為何我在台積電工作的時候，公司都以百分之百的良率，作為目標的主要原因。

• 與時俱進

昨天是已知，明天是未知；昨天是確定，而明天是不確定。對於「已知、確定」我們較有心理的篤定，有更多的安全感，這也就是為什麼在不變的環境裡面，許多人會把它當成舒適圈、不願跳出框架的原因。

但在真實世界，明天永遠是「未知、不確定」，所以如果沒有與時俱進，持續不斷學習，勢必會被趨勢淹沒或淘汰。這也就是為什麼「唯一輕鬆的一天，是昨天」這句話，其實就如我們從小理解的「學如逆水行舟：不進則退」。

相信「以身作則、超越期待、與時俱進」以及書中十八則名言，和引人入勝的故事，都可以在我們增進領導智慧的道路上，多點上一盞明燈。

引言
檢驗領導者是否適任的至簡標準

在基礎水中爆破（BUD／S）訓練中心的入口，立著一座六英尺[1]高的爬蟲怪物塑像，外型是半人半魚，凸眼漆黑且四肢有蹼。他的魚鰓外翻，一手拿著長柄三叉戟，脖子掛了一個標示牌，寫著：「所以，你想成為蛙人？」

這個來自電影《黑湖妖潭》（*Creature from the Black Lagoon*）的生物，向每名學員提出挑戰，他們將走過後甲板、來到柏油打造的「絞肉場」——未來六個月，學員要在這裡忍受上百小時的徒手鍛鍊、老兵的不斷騷擾，以及他們從未體驗過的身心苦難。此外，冰寒刺骨且持續數小時的海中泳訓、在軟沙地

1 編按：一英尺約等於三十．四八公分。

上的長跑鍛鍊、嚴苛的障礙突破訓練，以及讓人心神俱疲的「地獄週」，都讓這場挑戰更為艱難。

接受基礎水中爆破訓練三十四年後，我榮獲「牛蛙」（Bullfrog）這個稱號[2]，也就是現役蛙人暨海豹部隊成員中服役最久的人。**在將近四十年的軍旅生涯中，對於蛙人所需特質，以及如何領導蛙人團隊上，我學到了許多教訓。**

不過，我也有幸領導過無數其他人士，包括綠扁帽部隊[3]、陸軍遊騎兵、空軍飛行員、特戰隊員、海軍陸戰隊突襲兵、步兵、船艦與潛水艇軍官、情報與執法專家、公務員、醫師、研究員、技師、學生與教師。

從我擔任見習軍官，到升至四星上將，再到德州大學系統（the University of Texas System）總校長的經歷中，每天、每週、每月、每年、每個世代，都為我帶來嶄新的領導教訓。有些教訓容易領受，有些則會造成巨大的痛苦，但所有教訓都有其價值，讓我能更妥善處理生活中迎來的挑戰。

領導並不只是把任務完成

不過，不管你是見習軍官或者上將，領導從來都不是一件容易的事，即使是那些看似能輕鬆擔起領導重責的人，也時常陷入困境。十九世紀名將卡爾・馮・克勞塞維茨（Carl von Clausewitz），曾在他所寫的經典著作《戰爭論》（*On War*）說過：「戰爭中的所有事情都很簡單，但簡單的事情都很困難。」

當我在二〇〇九年重返阿富汗時，讀了一本討論外交政策的雜誌，其中有兩篇由美國東岸學者執筆的文章，闡述了美軍怎麼會不理解在阿富汗戰爭中取勝的最佳途徑。他們高高在上的寫道——美軍只需要造路——讓道路把村莊連

---

2 作者註：第一年我是與好友布萊恩・西貝納萊（Brian Sebenaler）共享這個榮譽，直到他在二〇一二年退役。

3 譯註：為美國陸軍特種部隊（United States Army Special Forces）的外號。

接到省內的行政區，而道路越多就能連接各區各省，最後連通到首都。造出這些道路將使阿富汗人繁榮發展，強盛到足以擊敗塔利班。

「美軍只需要造路。」沒騙你！我們怎麼會想不到這種事呢？嚴格說起來，我們確實想到了！只不過，當有人試著對你開槍和炸死你的時候，造路就是一件難事了。而親愛的讀者，領導的本質也是如此。

領導中的所有事都很簡單，只不過這些簡單的事情，都很困難。說出「做人堅守誠信」、「凡事以身作則」和「善待下屬」很簡單，但實際做到也很困難。為什麼？因為我們都是有著怪癖、弱點與短處的凡夫俗子，這些都將進而影響到我們如何領導。但儘管領導著實困難，它並不複雜。

以最簡單的形式來說，領導是「**以你現有的人力與資源完成任務，同時維護你所屬團體的誠信**」。優秀的領袖，知道如何激勵與之共事的成員，並且能妥善管理完成任務所需的人力與資源。

不過，領導並不只是把任務完成，同時也攸關維護與增進所屬團體的聲譽。我們是不是常常看到某大學的運動培訓計畫成效卓越，事後卻發現，其中暗藏作弊醜聞？抑或某金融機構為股東賺進大筆財富，最後卻因為違反法律而面臨瓦解？**如果你身為領袖，卻辜負了所領導的團體，那你就毋庸置疑的失敗了。**我在此重申，領導雖然困難，但不複雜。想要正確的領導，你不需要精緻的圖表、微積分方程式或難懂的演算法，不過你確實需要一些指引。

那麼，我們要如何把領導困難的本質變得簡單？數千年以來，**軍隊都是靠格言、信條、寓言與故事，來激勵、鼓舞與指引領袖和部屬。**這些格言不只能用來強化特定行為，也會作為觸發記憶的提示，引起巴夫洛夫[4]式的制約反應與靈感，協助每個人在不確定的情勢下採取行動。

十八則至理名言，指引我職涯

在服役期間，我深深仰賴這些名言來指引我的行動。每當我面臨艱難的決

4 編按：俄羅斯生理學家伊凡．巴夫洛夫（Ivan Pavlov），曾在研究中以鈴聲提示犬隻將獲得食物。多次實驗後，在雖有鈴聲，但未提供食物的情況，犬隻也會分泌唾液，進而提出古典制約理論。

策時，都會自問：「我能否站在那張綠色長桌前方？」在二戰後，美軍會議室使用的桌子都被設計成長而窄、鋪有綠色毛氈的款式。凡有需要多名官員裁決的正式討論，我們就會圍著這張長桌就座。那句自問的道理很簡單——**如果你事後無法說服每位圍著長桌而坐的軍官，那麼就應該重新考慮自己的行動。**

每次當我即將制定重要決策時，我都會自問：「我能否站在那張綠色長桌前，並確信自己所有的行動皆正確無比？」這是每位領袖都必須詢問自己的根本問題之一，這些古老名言，能協助我記起該採取什麼舉措。

不過，還有其他格言與金句具有同等效力。陸軍遊騎兵的「自主行動」、英國空勤特遣隊的「勇者得勝」、**海豹部隊的「唯一輕鬆的一天，是昨天」**，這些格言都蘊含著滿載故事的歷史，啟發當代領袖做出影響深遠的決定，激勵人們在熱戰中採取行動、強化領袖的決心，並鼓舞部隊。

這些名言並不只是文字的堆砌，而是出自親身體驗並經歷現實試煉，其中多數都字字血淚，值得我們銘記在心，作為應對問題時的參考。

在本書中，我從這些名言精選了十八則，它們是我職涯的指路明燈——這些格言、信條、寓言與故事，在我接受新任務或面臨特別艱難的領導挑戰時，都曾帶來正面助益。

後續的十八章，混合了品格與專業作為。領袖如果想要妥善領導部屬，就必須擁有在個人生活中展現出來的特定品格，但光是有卓越品格仍不足以邁向成功。領袖必須主動擬定計畫、溝通其意圖、檢查其進展，並要求各人員（包括你自己）負起責任。**品格與作為齊備，方為偉大領袖的基石。**

成為「牛蛙」的路並不輕鬆——所有邁向頂峰的道路，都舉步維艱。但我期許你能在本書的字句中拾得智慧，大幅減輕攻頂過程的困難。

第 1 章

榮譽，領導的根本

不撒謊、不欺騙、不盜竊，
也絕不容忍別人這樣做。

榮譽（Honor）這個詞，在現代語境中，多少聽起來有點老氣。紳士的榮譽、淑女的榮譽、榮耀你的父母[1]、可敬的法官閣下（Your Honor），許多詞句與榮譽相關。

但在幾千年的人類史中，榮譽有何意義、有何價值？為何從古至今，都被認為比「你是何人」更重要？你是否品德高尚，榮耀你的家族？你是否在國難當頭時投筆從戎，榮耀你的國家？你是否虔誠篤信，榮耀你的信仰？

傳說中，「寧死不屈」這個句子，源自希臘的斯多噶[2]信徒，他們寧死也不願放棄自己的價值觀。後來，尤利烏斯．凱撒（Julius Caesar）說出他被後世不斷引用的名句：「我熱愛榮譽之名，勝過畏懼死亡。」

日本武士也深深擁抱重視榮譽的傳統，總是準備好捨身就義，不讓他們為天皇盡忠的人生蒙羞。而在現代，美國海軍陸戰隊則在傳奇中士約翰．巴西隆（John Basilone）把「寧死不屈」這句格言刺在左臂上後，非正式的把它奉為

1 編按：榮耀你的父母中的 honor 為動詞用法。
2 作者註：Stoicism，主張道德與自律的哲學門派。

信條。

遺憾的是，幾千年以來，許多男女儘管標榜自身重視榮譽，卻跟歷史中其他芸芸眾生同樣不擇手段與卑鄙。真正的榮譽——**基於對的理由做出對的事**——是卓越領導力的基礎。

真正的榮譽能讓同僚緊緊追隨，與你一同赴湯蹈火、直至達成目標，**如果輕忽榮譽，你所成就的任何事物都將失去長久價值**。而如果你讓你的公司、家族、國家或信仰蒙羞，你的領導將永遠留下汙點。

我在西點軍校的那場演講

當我走上西點軍校（West Point）演講禮堂的講臺時，我不由得佩服起眼前站得挺直的軍校生們。他們打扮整潔俐落、身穿灰色晚禮服，並以大量黃銅鈕扣與金線裝飾，展現出美國最優秀的一面：青壯男女在戰時自願從軍，即使明知在這時入伍，很可能會在服役期間捲入戰事之中。

禮堂內各處設有諸多軍事先烈的紀念物，包括格蘭特、潘興、艾森豪、巴頓與麥克阿瑟[3]。美國對「職責、榮譽、國家」此價值觀的承諾，就掛在大廳內的牆上。

當時是二〇一四年，我以時任特種作戰司令部（USSOCOM）司令的身分，在西點軍校舉辦的「五百天晚會」上受邀演講——這些軍校生，都將在五百天後畢業。我既不是該校畢業生，也不是陸軍出身，所以我很榮幸能有機會對這些學生致詞。

我把該次演講主題，取名為「一名水手對陸軍的看法」。在過去十二年，我曾與幾位著名將士共事，我認為自己能在不受軍種偏見的角度下，為這些年輕軍校生提出一點見解。

3 譯註：依序應為第十八位美國總統尤利西斯．格蘭特（Ulysses Grant）、特級上將約翰．潘興（John Pershing）、第三十四位美國總統德懷特．艾森豪（Dwight Eisenhower）、四星上將喬治．巴頓（George Patton）、五星上將道格拉斯．麥克阿瑟（Douglas MacArthur）。

起初我清楚表明，他們加入的不是哈德遜軍隊[4]、不是歷史書籍中的軍隊，也不是校內無數壁畫中描繪的那種軍隊。這是現代軍隊，有現代的問題、現代的士兵，更有待真正的領導來率領。我指出，書中描述的領導聽來容易，但要在現實生活中做到絕非易事。

領導之所以困難，在於它是人與人之間的互動，而天底下最令人氣餒、沮喪與複雜的事情，莫過於在艱困時刻嘗試率領群眾。表現出優質領導力的將官，將會受人尊敬，偏偏領導力欠佳的人，俯仰皆是。

我在說出最後一句話時，謹慎挑選了用詞，因為當天稍早我才走過寫有軍校學員榮譽準則的碑文，該文字刻在石砌裝飾牆上的玻璃內。這項準則內容簡明扼要，但傳遞了無比的力量：「**軍校學員不撒謊、不欺騙、不盜竊，也絕不容忍他人這麼做。**」

在該榮譽準則下方，列有美國軍事學院的使命。西點軍校的使命並不是培育巴頓風格的軍事天才、四星上將，或是美國總統，而是要養成「有品格的領袖」。這項榮譽準則，提供了養成品格的基礎，更召喚著那些立志「活得不平凡」的年輕男女。

何謂「活得不平凡」？當他人不講信義時保持道德，當他人厚顏無恥時保持正直，當他人不惜欺瞞時保持誠信。在我身為領袖，以及接受各軍種卓越將官領導的經驗中，我發現——品格才是真正重要的事，擁有屬於自己的榮譽準則，才能指引你在艱困時刻尋得正道。

當我們看到將軍失足、他們的毛病被公諸於世、品格中的缺陷袒露無遺時，很容易會相信，那些榮譽準則純屬空談，只是用來激勵易受影響的年輕男女而已。

現實生活的醜陋會讓人心灰意冷，使我們在曾經被奉為英雄的人物殞落時變得憤世嫉俗。但請千萬不要懷疑，**若想成為偉大領袖，一定要有一套個人行為準則，作為決策與行動時的支柱**。每個人都會因不小心而犯錯，這個支柱能讓你在誤入歧途時，仍然有標的引領自己走回正道。我們皆是凡夫俗子，都會

---

4 譯註：哈德遜軍隊（Army of the Hudson）為女權運動人士蘿莎莉・瓊斯（Rosalie Jones）帶領支持者遊行推廣女性參政權時，媒體為該團體取的名稱。

做出蠢事、心懷悔恨。但無論如何，我們都應該追求榮譽，而且全心全意為此奮鬥。

因為難做到，所以才被稱為「領導」

我在一九七八年加入海豹部隊時，其中所有成員都是越戰老兵，皆個性剛強、苛刻而無禮，偶爾還不服從命令，但其中仍有某種尊貴感，形塑出他們的品格——即使他們經歷過一場既艱苦、惡劣、不時考驗人性的戰爭，仍深知為人講求誠信、追求榮譽的必要性。

現代海豹部隊一如他們的越戰前輩，各有其不堪回首的往事，但他們仍然有非常高標準的行為準則。二〇〇五年，海豹部隊把這種行為準則寫下並納入誓詞，部分文字如下：

我在戰場內外，都秉持著榮譽服務……堅定不移的誠信是我的標準……我的話語就是我的承諾。

海豹部隊誓詞，也反映出許多其他編制單位的行為準則。陸軍遊騎兵的信條寫道：「我永遠盡全力維護遊騎兵的聲望、榮譽和高度的團隊精神。」綠扁帽信條也提到了類似概念：「我立誓捍衛（綠扁帽部隊的）榮譽與誠信，全心全意、盡己所能。」海軍陸戰隊突襲兵團則寫道：「我捍衛傳承給我的榮譽與勇氣。永遠採取正確的行動……不會讓自己或我服務的人們蒙羞。」

當然，並非只有軍隊是如此。女童軍規章也寫道：「我會盡力保持誠實與公平……讓世界變得更美好。」男童軍誓詞則有：「我以榮譽保證，自己會盡己所能……力求道德正直。」

此外，我相信原始的希波克拉底（Hippocratic）誓詞[5]，比其他版本更掌握到信條的重要性。該誓詞的最後一段寫道：「我若嚴守上述誓言且維持清

5 編按：希波克拉底為古希臘醫學家，被稱為西方「醫學之父」。該誓詞列出特定醫師倫理規範，部分內容至今仍影響醫學界。

廉，請求神祇應許我完滿的生命……永遠受人敬重。但我若違誓毀諾，我願面臨截然相反的命運。」

世上總有些成功人士行事肆無忌憚、無視道德，卻仍賺進億萬財富，把事業帶至新高峰。但更常見的情況是，缺乏誠信、棄善從惡的後果，將會以惡質的工作文化、事業失敗，或個人悲劇等形式展現出來。

如果你違背自己的誓言或行為準則，違背你生活處世與經營事業時當銘記的基本良善，最終你將失去你所服務人群的敬重，並迎來悲慘的命運。

做「對」的事之所以重要，在於**當領袖每日恪守原則時，便能將其發展成組織文化，培育下一代的領袖**。如果你欠缺品格，那麼組織文化也會如實反映出來，下一代的領袖也將因你而陷入敗局。

我常聽到有人說，很難知道什麼是對的事。事實絕非如此！你絕對知道何者為對，只是有時很難做到。之所以難，是因為你可能必須承認失敗；因為正確的決定，可能會影響到你的朋友與同僚；是因為你在做對的事之後，可能無法從中獲利。

沒錯，**對的事真的很難做到，所以它才被稱為「領導」**。

擁有一組道德原則並堅守誠信，是所有領袖最重要的美德。簡單來說，即為西點軍校的榮譽準則：不撒謊、不欺騙、不盜竊，也不容忍他人這樣做。這代表誠實面對你的雇員、客戶與社會大眾，公正進行業務往來，並遵守「待人如己」這項金律——如果這聽起來有點太正能量，或感覺像來到了主日學校[6]，那也無妨。能否持守高度誠信，是偉大領袖與芸芸眾生的區別所在。

身為海豹部隊成員三十七年後，我太清楚自己仍有諸多缺陷，無法義正嚴辭的教誨讀者如何做個舉止端正的完人。不過，儘管一路走來時有顛簸，我始終認為，由於我擁有一套做人的原則，才有辦法度過人生與職涯中許多艱困的時刻。

在你能掌握其他名言的智慧之前，務必要先致力於成為講求誠信、追求榮譽的人——再說一次，這就是偉大領袖與芸芸眾生的差別。

6 編按：基督教會於主日（週日）早上，在教堂或其他場所舉行的宗教教育，一般在主日敬拜之前或之後舉行。

這並不容易，永遠都將如此，但這也並不複雜。

領導金句

1. 進行業務往來時，務必講求誠正信實。這是唯一能讓你和員工打造足以自豪的基業的辦法。
2. 不撒謊、不欺騙、不盜竊，也不容忍他人這樣做。組織的文化都源自於你的品格。
3. 為你的判斷失誤負起責任。所有人都會犯錯，但知錯能改，便能成為擁有優秀品格的人。

第 2 章

信任由四字組成：品格、才能

領導才能的高低，取決於專業、效率和誠信，
想成為主管，你必須受到員工信任。

我把車子停在CIA前方的小空地上，並身著海軍制服走出車外，踏上巨大總部的階梯。地板上醒目的展示著中情局局徽——圓框藍底，中間是一面白色盾牌，飾以紅色的十六角星，上方有一隻頭朝右的老鷹。

彼時，我的左邊是追思牆，以一百三十七顆星星，紀念在執行任務時為國捐軀的中情局探員，下方則是載有逝者姓名的榮譽名冊。簡樸的大理石與一顆顆的星星，承載著如此巨大的犧牲。從我第一次造訪中情局以來，這個設計始終讓我深受感動。

當我走近守衛時，我看到隨行員已站在桌子前方，等待我刷卡通過柵門。「長官，真高興又見到您。」她在我推開旋轉柵門時說道：「局長正在他的辦公室等候。」當時仍是特種作戰部司令的我，那天受命來到中情局總部，與新上任的中情局長里昂．潘內達（Leon Panetta）會面。

在往左轉個大彎，穿過一條狹小的走廊之後，我們走進局長專用的私人電梯。我的隨行員按下按鈕，電梯直達七樓，來到潘內達的辦公室外廳。另一名隨行員在那邊迎接，帶領我走向等候室。他笑著遞給我一杯咖啡，殷勤的說：

「局長再一會兒就過來見您。」

中情局放心把任務交給我的理由

我一邊等待，一邊回想我對里昂・潘內達的印象。他是義大利移民之子，在加州蒙特瑞郡（Monterey）的一家核桃農場出生長大。他就讀於聖塔克拉拉大學（Santa Clara University），並在該校獲得法律學位。

他曾短暫入伍，接著邁入政界且表現極為傑出，連任過八次國會眾議員，並曾任行政管理預算局（Office of Management and Budget）局長，以及比爾・柯林頓（Bill Clinton）總統任內的白宮幕僚長。

潘內達以具感染力的笑聲、親切的個性，與聰穎睿智著稱，他外表看來頗具社交手腕，內在實則堅毅頑強。但儘管他在華府經驗豐富，我深知中情局長跟潘內達先前從事的各項職務截然不同——此外，軍方與中情局時常處於愛恨交織的關係，雙方總在資源、任務與人才上競爭。而我即將得知，潘內達打算與軍方建立哪種關係。

幾分鐘後，我被叫進他的辦公室。我剛進門，潘內達就露出大大的笑容，友善的伸手歡迎我：「我是里昂．潘內達，非常、非常高興見到您！」

「局長先生，我也很榮幸見到您。」

潘內達說：「啊，叫我里昂就可以了。」

我笑著回覆：「不好意思長官，我在部隊裡待得太久了，我不會這樣稱呼您的。」

他與我一起笑出聲來。

所有中情局資深官員也出席這場會面，他們在辦公室內，大致圍成半圓站立。潘內達向我介紹隊伍中的第一位——行動處長（director of operations），他臉上掛著淺笑，對我點頭時雙眼炯炯有神，我也點頭答禮。接著潘內達陸續介紹各地區與各部門的負責人，我一路走向隊伍尾端，與眾人握手致意。

在我認識所有人後，潘內達邀請我坐進會議桌的座椅：「威廉，再次謝謝你今天來拜訪。我認為中情局與你的司令部之間的關係非常重要，所以希望你能見我的資深領導團隊，讓雙方可以開始建立某種互信。」

我答道：「謝謝您，長官。但……。」我欲言又止。

行動處長笑著接話：「但是，我跟威廉在二〇〇三年時，就在巴格達認識了。」反恐中心科長也附和：「我跟威廉曾在阿富汗共事過一年。」

接著各負責人紛紛說起他們與我共事的經驗，包括葉門、索馬利亞、北非、沙烏地阿拉伯、科威特、埃及、巴基斯坦和菲律賓等地。

潘內達放聲大笑：「所以，我是在場唯一沒跟你共事過的人囉？」

我露出微笑：「長官，這麼說吧，我們大都是在一場場反恐戰爭中，一同奮戰並茁壯的。」

潘內達笑著回答：「那就好，這樣我們就不必花時間認識彼此了。因為當大難臨頭時，我們可不會有餘裕建立互信。」

一年後，我又被叫來潘內達的辦公室，不過這次是為了協助規畫突襲奧薩瑪・賓・拉登[1]（Osama bin Laden）的行動。時任美國總統歐巴馬（Barack Obama）指派潘內達負責俘虜或擊殺賓拉登。

這項任務本可能輕易由中情局的其他小組接手，但中情局決定使用我指揮的特種作戰部隊。不過，這個決策並非憑空出現，而是在多年來彼此共事、建立私人與專業上的關係、取得雙方互信後，才累積而成的結果——**即使我們常因跨部門事務爭執，中情局仍相信他們可以信任我，進而信任我的團隊**。

信任由兩種元素組成

我在二〇一四年退伍，並於二〇一五年一月起，擔任德州大學系統的總校長，該系統由十四個不同校區組成，學生總數超過二十三萬人，雇員超過十萬人。由於我是首位「非傳統」（也就是缺乏學術背景）的總校長，系統內的教師與職員皆對我稍有疑慮。

先前我與各校校長並未建立關係，而且已經離開德州近四十年了。儘管大

1 編按：蓋達組織（Al-Qaeda）的首任首領，該組織曾策劃多起針對美國的恐怖攻擊。

家似乎欣賞我的軍旅生涯，他們仍然懷疑，我是不是擔任總校長的合適人選。一如接受任何新工作，我知道，自己必須博取他們的信任。

不過在長期面對類似處境後，我已經掌握處理這種狀況的解方：努力工作、不懈加班、行動有計畫、兌現承諾、與員工分擔重任、展現出你的真心誠意，並願意承認自己的錯誤。以及——我提過了嗎？——努力工作。

在小史蒂芬·柯維（Stephen Covey）撰寫的《高效信任力》（*The Speed of Trust*）一書中提到，**信任是由兩種元素組成：品格與才能**。如果你知道某人品格健全，或許打從一開始就能信任對方。但如果那人無法兌現承諾，或是表現出無法妥善處理業務的模樣時，一段時間後，對方便會失去你的信任。

領袖的才能高低，能夠且將會被人用下列的標準評估：**個人行為、專業風範、解決問題的效率，以及誠信程度**。

想成為偉大領袖，你必須受到員工信任。**如果他們不信任你，就不會跟隨你**。建立信任並非一蹴可幾，如果你希望能有效率的領導，那麼建立信任所花費的一切，都有其價值。

領導金句

1. 跟員工互動，藉此展現你是個品格優秀、值得信賴的人。
2. 失去信任最快速的方法，就是承諾過高卻又很少做到。
3. 信任是隨著時間推移而逐漸建立，別倉促逼迫。

第3章

握住那該死的舵，開始指揮吧

永遠不要被人看到你筋疲力竭的模樣，

得讓部屬深信：我的長官能處理任何問題。

我抬頭挺胸、坐直聽課，看著吉姆・麥考伊（Jim McCoy）上尉在教室前方踱步，對三十名見習軍官講述中途島戰役（Battle of Midway）的事蹟。「海軍史」是德州大學候補軍官新生的必修課程，從伯羅奔尼撒戰爭（Peloponnesian War）講起，接著細數各大戰役，從特拉法加海戰（Battle of Trafalgar）的納爾遜勳爵，與傑利科元帥在日德蘭（Jutland）奮戰，再到約克鎮號航空母艦（USS Yorktown）出擊參與珊瑚海海戰（Battle of the Coral Sea）[1]等戰事。

如今，我們準備講述第二次世界大戰中最大的海戰之一：中途島戰役。

時值一九四二年六月，距珍珠港遭受轟炸僅七個月。當日本帝國海軍發現他們犯下錯誤，未能在珍珠港將美國航母艦隊摧毀殆盡之後，便在中途島外圍設下陷阱。

1 譯註：納爾遜勳爵為霍雷肖・納爾遜（Horatio Nelson），十八世紀末的著名英國海軍將領，他在特拉法加戰役擊潰法國及西班牙組成的聯合艦隊。傑利科元帥為約翰・傑利科（John Jellicoe），他在第一次世界大戰期間，被任命為英國大艦隊司令。

大膽決策，勇於承擔

儘管中途島距離歐胡島（Oahu）一千三百海浬[2]遠，卻是美國的戰略基地。日本海軍大將山本五十六相信，假如美國海軍感覺中途島遭受威脅，就會派遣航母艦隊從珍珠港出擊，保護這個重要的基地——他想的一點也沒錯。

山本打算隱藏己方海軍的大部分戰力，讓美軍看似具有數量優勢，藉此引誘美國航母艦隊交戰。但山本有所不知，美軍已經破譯了日本的通訊密碼，並能局部解讀日本海軍的計畫。

不過儘管得知其部分計畫，美國海軍能否與之一戰，仍然大有疑慮。約克鎮號航空母艦在珊瑚海海戰中幾近全毀，而海軍中最有經驗的上將「蠻牛」威廉．海爾賽（William "Bull" Halsey），正因帶狀疱疹入院治療。位在華府的軍方高層原本反對派遣艦隊保衛中途島，但最終由太平洋艦隊總司令切斯特．尼米茲（Chester Nimitz）上將拍板定案，決定跟日本在中途島交戰。

麥考伊上尉拿起一張幻燈片放進投影機，接著關掉電燈，投影幕上顯示出尼米茲上將的照片。照片中的尼米茲頂著一頭蒼蒼白髮，鋼青色的雙眼望向遠方，臉上掛著嚴肅的淺笑，身穿繡有代表海軍五星上將之五條金線的制服。

麥考伊自豪的說，尼米茲是德裔美國人，在德州的弗雷德里克斯堡（Fredericksburg）出生長大，離我們所在的奧斯汀市（Austin）不遠。尼米茲曾就讀美國海軍學院，並以優異成績畢業。

麥考伊暫停片刻，思考是否要繼續講述尼米茲的生平。他再開口時，談到尼米茲在擔任少尉期間，曾受命指揮迪凱特號驅逐艦（destroyer Decatur），卻讓該艦在一九〇八年於菲律賓擱淺。後來尼米茲被以玩忽職守罪受到軍法審判，但基於他之前的優良表現，最終判決只以對他發出訓斥信函作收。

尼米茲的品格，也被這場菲律賓擱淺事故逐漸型塑。他從中學到，**領導會帶來重大的責任，但領導也需要你行事果決，並且接受你或許無法事事正確。**隨後，尼米茲在第一次世界大戰期間於潛艦服役，官階一路晉升，並在二戰期

2 編按：一海浬等於一・八五二公里。

間擔任太平洋艦隊總司令。

一九四二年春季，日本意圖進攻中途島的情報引發一陣混亂。尼米茲的將軍同袍，質疑救援中途島帶來的戰略價值，還有更多軍官擔心，美國若在中途島戰敗，將導致日本在太平洋戰區迅速獲勝。**不良決策將會引起悲慘的後果，但不做決策則可能引發生存危機。**

尼米茲審視情資，跟幕僚和麾下將官商談，但最終決策權仍然落在他頭上。他為此苦惱了好幾天。如果下錯決定會發生什麼事？上千名船員可能因此陣亡，而後在中途島以及各島鏈中，還會再有幾千人喪命。整個海軍的命運，甚或美國的未來，都壓在這項決策之上。

傳說中，尼米茲在與「蠻牛」海爾賽交談時表達了他的顧慮，坦承中途島的決策讓他難以承受。而海爾賽一如既往的直言不諱，提醒尼米茲，他自己所抱持的信念。

海爾賽說：「你曾經告訴我，**當擔起重責時，就得起身指揮。**」

這正是尼米茲所需的當頭棒喝。他知道，指揮官被期待做出艱難決策、行事有方、為人自信且帶頭領導、勇於接受挑戰並能下定決心涉險。**指揮官必須要能指揮一切——指揮情勢、指揮部隊、指揮你自己的恐懼、指揮全局**。

一九四二年六月四日，美國海軍航空部隊的約克鎮號、企業號（USS Enterprise）與大黃蜂號（USS Hornet）航空母艦出擊，並在中途島外與日軍艦隊交戰。隨後兩天中，日軍被擊沉四艘航空母艦，美軍則損失了企業號。不過後來的歷史顯示，中途島戰役是二戰期間最重要的一場海戰，徹底扭轉了太平洋戰區的情勢。

麥考伊上尉這堂課，以中途島戰役作為結尾。他打開電燈，環顧教室內穿著白色制服的見習軍官，說道：「有一天，你們當中的某些人，或許能幸運到足以指揮某些人。你們可能會指揮一艘船艦或潛艇，或者率領一支中隊。當那天到來時，你們將會發現，指揮既是你們生涯中最有意義的時刻，也是最具挑戰的時刻。」

他望向窗外，一時間停下話語。

「永遠不要忘記，當你身為指揮官，就被預期能做好領導。如果你被選上擔任此職責，**雖然要心存謙卑，但也要接受自己確實表現良好的事實**，否則你就無法展現出領導風範。」他露齒一笑，繼續說：「誰知道呢？或許你們中有人能官拜上將，並像尼米茲那樣，有機會在戰爭期間領導美國偉大的船員。」

大家全都笑了。我們都還是長著青春痘的青少年，心底只希望能順利通過第一學期，官拜上將是我們想都沒想過的事情。

永遠不能被人看到你筋疲力竭的模樣

三十八年後，身為海軍上將暨特戰司令部司令的我，在走進位於坦帕（Tampa）的辦公室時，卻發現裡面有張新的辦公桌。我有點困惑，因為先前的舊桌子毫無問題。當我問起此事時，我的助理德娜・休斯（Dana Hughes）高級軍士長笑著對我說：「長官，我們認為這張桌子可能更適合您。」

我對此感到不解，再度看向那張桌子。它的外觀比我第一眼以為的更加古老，是張木紋明顯，且配有皮革側板的大型主管桌。

當我走近桌子時，看到角落有張裱框的照片，影中人毫無疑問是切斯特・尼米茲上將——這是他的辦公桌，海軍檔案局（the Navy Archives）好心的將這張桌子借給特戰司令部供我使用，對此我深感謙卑。

接下來的三年，我都坐在那張桌子前方。每當我感覺陷入困境時，都會提醒自己正坐在何處。有多少性命懸於一線，決策將影響成千上萬的人，尼米茲肯定也曾感受過這樣的失落與光榮感。

每當我猶豫不決，過度屈服於恐懼、任憑擔憂拖延我的行動時，都會傾聽尼米茲的名言：「身擔指揮重責時，就得起身指揮！」我以該名言作為指引，總是嘗試為與我共事的男女做出「對」的事。

不論你是執行長、海軍上將、將軍、董事長，或是微型團隊的辦公室主管，身為領袖都不是件容易的事。**領袖必須永遠看似掌握全局，即使在你不堪重擔的日子也得如此。**

你必須自信滿滿、行動果決，既能微笑也能開懷暢笑，還要跟員工互動、感謝他們付出的辛勞。你必須展現身為負責人的風範，在麾下男女的心中灌輸自豪感，讓他們深信：**他們的領袖能處理任何問題**。

領袖不能有不順遂的時刻。無論情況為何，**你永遠不能被人看到筋疲力竭的模樣**。如果你悶悶不樂、垂頭喪氣，對上司或下屬發牢騷或抱怨，將會失去麾下部眾的尊敬，這種失望的心態也將會像野火燎原般蔓延。

擔任領袖是非常重大的責任，當你知道整個組織的命運扛在自己肩上時，有時會讓人膽顫心驚。但同時也必須明白：你之所以獲選擔任領袖，是因為一路走來，你已證明了自己的能耐。

當你展現出熟稔業務、能夠扛住壓力、行事果決等特質時，你便展示出自己已具備領導所需的所有素質。就算上述都不是事實，既然你現在是領袖，就要擔起指揮之責。所以，握住那該死的舵，開始指揮吧！

領導金句

1. 要有自信。你被給予領袖這項工作，就是因為你有才能與經驗。信任你的直覺。
2. 行事慎思熟慮，但別因此優柔寡斷而無法行動。
3. 要心懷熱情，向你的員工展現你關懷他們及其任務。

第 4 章

就算被派到管理花車，也要做到最棒

如果你能把微小任務做到引以為榮，
人們便認為你值得接受更大挑戰。

船隻快速向我駛來，船首劃過藍色水面，打出一陣白色水沫。我看到舵手在狹窄的船艙內目光灼灼，不斷在我與綁在左舷的充氣小艇間掃視。另有一人坐在小艇內，手裡拿著一個厚實的泳圈，他雙臂伸直，準備在船隻駛近我時丟出拋繩接應我。

還剩二十五碼[1]，而且越來越近，船隻幾乎要開到我身上了。

我聽見小艇內的那人高喊：「踢水，用力踢，現在用力踢！」

「踢！踢！踢！」我對自己大喊，蛙鞋用力踢向海灣內的水。

十碼……

五碼……

就是現在！

看見小艇內的拋繩員努力向我丟出救生設備，我盡可能用力踢水，把手臂伸進泳圈內，讓船隻行駛的動能加上拋繩員的用力一扯，把我拉進小艇。接著

1 編按：一碼為〇．九一四四公尺。

我迅速脫掉泳圈並滾向小艇一側，然後爬上船隻。在我身後，另一名蛙人正被拉出水面並進到小艇。幾分鐘之內，整排蛙人就全都回收完畢並登船。

指揮官親自召見，但和我想的不一樣

投送與回收（casting and recovery）是蛙人的真本事[2]，正如我們的蛙人前輩在塔拉瓦（Tarawa）、沖繩、天寧島（Tinian）及眾多太平洋島嶼做過的那樣[3]。真想不到，他們居然付我錢來做這種事。

在訓練結束後，巡邏艇開進位於加州的科羅納多海軍兩棲基地（Naval Amphibious Base, Coronado）的棧橋，大家開始脫下裝備。

棧橋一端傳來熟悉的聲音：「嘿，麥克雷文先生！麥克雷文先生！」

對方是賴瑞．L．瓊斯（Larry L. Jones）下士，他是與我在通訊所搭配的資深士兵。

「LL[4]，有事嗎？」

「長官，指揮官想見您。」

「他找我？」

「是的，長官。找您。」

我甚至不知道指揮官認識我。我是剛加入水中爆破大隊第十一分隊的菜鳥少尉，並盡可能保持低調。雖然我見過指揮官、跟他握過手，也曾在某個臨時軍官聚會中看到他出席，但實在想不到任何理由讓他挑出我。

不過……我已經讓其他軍官與資深士兵對我有良好的印象。我認真訓練、做事努力、用心鍛鍊體魄、日夜匪懈，還聆聽許多越戰老兵的教誨。

「是啊，或許我真的要負責一些特別的事了。」我心想。

有謠傳說，蛙人部隊正在規畫真正的任務。或許我就是被挑來處理這件事

2　譯註：「投送與回收」行動，指蛙人從快速行駛的船隻之中跳或滾入水中執行任務，任務完畢後如正文所述，由其餘船員協助回收入水者。

3　譯註：文中所提各地名，皆為二戰期間曾發生戰役之地。

4　譯註：因瓊斯的首名與中間名皆以 L 開頭，故作者以 LL（double L）稱呼他。

的！那項任務或許是去巴爾幹地區抓捕恐怖分子，抑或以兩棲作戰突襲海參崴，也可能是去北韓沿岸掃蕩飛彈陣地。

「ＬＬ，我知道了。不過我得先回隊上換制服。」

「不，長官，您沒空那麼做。指揮官說，他得盡快跟准將會面，所以要您立刻去見他。」

准將？那可是美國西岸所有海豹部隊與蛙人的最高負責人，也就是所有人的大頭目。這件事肯定很重要！

我們跳上ＬＬ的卡車，飛速橫越海軍基地，穿過一號州道，來到水中爆破大隊第十一分隊本部。

我脫下溼淋淋的短袖連身泳衣，用手把頭髮梳順，再把藍底金字Ｔ恤下襬塞進泳褲，接著走進本部大樓。一看到我走進來，指揮官的文書官便站起身，問道：「您是麥克雷文少尉嗎？」

「是的。」

「請坐。我會告訴指揮官您到了。」

我坐在棕色合成皮沙發上，盯著面前牆上的一張張照片，包括二戰期間蛙人部隊正在清理太平洋島嶼的海灘，以便稍後兩棲登陸；穿著蛙鞋以及厚重乾式乳膠潛水衣的戰士，正在爬過韓國海灘上的石頭；一群人臉戴潛水面罩、腳穿蛙鞋，迎接史上首次登月的阿波羅十一號（Apollo 11）成員回到地球；海豹隊員在胸前斜揹著彈帶，深入湄公河三角洲泥濘及胸的區域。能身為這支精英部隊的一員，我的老天，感覺真棒！

不久後，那位下士回來了：「長官，指揮官現在可以見您了。」

我用手再把頭髮抓順幾次，然後走進辦公室。比爾．索爾茲伯里（Bill Salisbury）中校坐在桌後，他是水中爆破大隊第十一分隊的指揮官，在越戰期間以海豹隊員身分多次獲勛。幾週前，他才帶著溫暖的笑容歡迎我加入分隊，並給我相當有力的握手。雖然跟他相處的時間並不多，但我喜歡他。

我立正站好，說道：「長官，麥克雷文少尉奉命前來報到。」

索爾茲伯里微笑以對，或許我展現的青年軍官熱情有點過頭了。

「麥克雷文先生，放輕鬆。」

「遵命。」我換成稍息姿勢。

「副隊長跟我說，你做事積極踴躍。」

「謝謝您，長官。」

「大家在軍官活動室與士官更衣間提到你的時候，也有許多好印象。」

我點頭，胸中充滿自豪。

「今天稍早，准將聯絡了我，問我哪位少尉的表現最好。」

我的自豪感，如今已膨脹得不能再大了。

「他有件事想交給你處理。如果准將認為那是件大事，那它就是大事。」

「是，長官！」我回話的音量稍微有點太大聲了。

我心想：「正事要來了。肯定是任務，這就是我接受海豹訓練的理由。或許有一天，我的身影也會在外頭牆上的照片出現。」

索爾茲伯里刻意停頓片刻，營造出某種戲劇效果。

「科羅納多每年都會在七月四日（美國國慶日）舉辦遊行。我們已經有好一段時間沒有參加了。」他說道。

呃，這是怎麼回事？其中肯定有什麼我不明白的奧祕？

「那麼，今年准將想要弄一輛青蛙花車，我需要你負責打造那輛花車。」

「青蛙花車？」我反問。

「沒錯。搞隻又綠又大的弗雷迪青蛙[5]（Freddie the Frog）來，嘴裡叼支雪茄、手上拿根炸藥。科羅納多的民眾肯定會很喜歡！」

「是，長官。」我回話語氣中的熱情大減。

「去找補給官，他能幫你找來打造花車所需的所有素材。就這樣，麥克雷文先生，謝謝你。」

我愣在原地，心底還有點錯愕，但索爾茲伯里已重新開始閱讀當日的通訊電文。我慢慢轉身走出辦公室，當我經過貼著各張行動照片的牆面時，我很懷疑，自己將做的青蛙花車能躋身其中。

---

5 編按：此為美國海豹部隊的吉祥物，外觀細節正如索爾茲伯里中校所述。

任務再小，都該做到引以為榮

我滿心不悅的走向更衣間換裝，準備回去值勤。我坐在長椅上，嘴裡低聲嘟囔著髒話時，我聽見低沉沙啞的聲音從置物櫃後方傳來。

「少尉，怎麼啦？」

我轉頭一看，發現是賀歇爾・戴維斯（Hershel Davis）士官長跟我搭話，他是第十二分隊的資深官兵。戴維斯可說是蛙人這個名詞的化身——身材高壯、體態精實、皮膚黝黑、雙頰泛紅、雙眼鐵灰，還留了兩道長長的翹八字鬍。就我所知，他親眼見證過的戰鬥任務，比任意十個人加起來還多。

「沒什麼大不了的，士官長。」

「是嗎？」他以慈父般的口吻說道，並在我旁邊坐下。

為什麼我感覺自己像進了告解室呢？

隨後我向他坦白。

「指揮官剛才把我叫進辦公室，要我負責打造……」我暫停片刻才繼續說：「打造一輛用於國慶日遊行的青蛙花車。」

「嗯。」士官長哼了一聲：「而我猜，你更寧願執行拯救世界的任務，就算要跳出飛機或是被鎖在潛水艇外，你也不介意？」

「一點也沒錯！」我回話的音量又太大了。

「少尉，我在這個小艇俱樂部待了近三十年，讓我給你一點意見。**我們遲早都得處理我們不想做的事**。不過，如果你要做，就把它做好。盡你所能，做一輛最棒的青蛙花車！」

就是這樣。盡你所能，把那輛青蛙花車做到最棒！

在後續的生涯裡，我奉命打造過許多「青蛙花車」，也就是被指派處理那些沒人想接、似乎有違「職階尊嚴」的不入流工作。但每次我都會回想那位士官長的話，然後試著做到最好，讓自己不論被交付何種業務都能為此自豪。我慢慢發現，**如果你能把微小的任務做到引以為榮，人們便會認為你值得接受更大的挑戰**。

一九七八年七月四日，水中爆破大隊的青蛙花車榮獲了首獎，而我接下

「首次任務」的照片，後來被光榮的掛在第十一分隊本部的牆上好幾年。

領導金句

1. 態度謙卑，期望不要過高。
2. 接受自己遲早都會接到不如期待的任務，並盡力做到最好。
3. 以員工處理不起眼任務的意願與成效，作為評估他們能力的標準。

第 5 章

唯一輕鬆的一天，是昨天

最困難的任務已經結束？你就大錯特錯了，
領導需要付出努力，每日皆然。

鐘聲在「絞肉場」的柏油路上響起。一聲、兩聲、三聲，低沉的黃銅音色在各建築之間迴盪，也喚起正在做早操的海豹部隊訓練生的集體意識。

我從眼角瞄到哈勒代（Halliday）下士脫下頭盔，放在鐘的底部。海豹部隊的教官身穿藍底金字T恤、卡其泳褲與綠色叢林軍靴，他說了些我聽不清楚的話。我只聽見哈勒代用盡全力大喊：「費柯迪（Faketty）教官，謝謝！」

費柯迪又說了些話，接著哈勒代轉身跑回軍營。我們再也沒有見過哈勒代。那三聲鐘聲，代表他決定退出海豹部隊訓練。

兩週前，我們剛結束「地獄週」，這或許是任何軍事訓練中最艱辛的一週。地獄週為期六天，期間不准睡覺，且會不斷遭受教官的騷擾，還會隨時都處於全身溼冷、可憐兮兮的狀態。

哈勒代跟所有人一樣，對完成這項嚴苛的試煉欣喜若狂。他知道在海豹部隊的訓練史中，大多數學員都在該週決定退訓。但他通過了，在他心中，剩下來的訓練將會容易得多。他彷彿能看到結訓的光景就在前方，甚至想像海豹部隊的三叉戟軍徽掛在他的胸前。

他夢想加入精英齊聚的專業團隊，展開千載難逢的大冒險。他幾乎能嘗到勝利的滋味。我之所以知道，是因為他在某次亢奮狂喜的時候，曾向我吐露對未來的展望。

但哈勒代忘記了刻在木製大標示牌上的話。那個標示牌掛在教官的體能訓練臺後方，上頭寫著：「**唯一輕鬆的一天，是昨天。**」這句話在海豹部隊第八十九期訓練班的T恤背面首次出現，**之後便成為海豹部隊的格言**。

這句話的寓意不言自明，但當中還有更深層的涵義，也是給所有海豹部隊訓練生的警惕：**「如果你認為困難的部分已經結束，那就錯了。」**明天不只會跟今天同樣困難，或許還會更難。

但這句話在訓練以外的領域也同樣重要。對我來說，這句話有如一聲響亮的號角，提醒我每天都要全力以赴，沒有一天能輕鬆度過。而我身為領袖，我必須準備好盡己所能，每一天都是如此。

情況再糟，都得表現得一切順利

一九八六年，美國國會通過了《高華德—尼可拉斯法案》（*Goldwater–Nichols Act*），改組了國防部，後續又在《納恩—科漢修正案》（*Nunn-Cohen Amendment*）的指示下，創建了美國特種作戰司令部。這兩項國會授權對軍方造成永久性的改變，尤其在特種作戰方面。

負責創建特種作戰司令部的軍官之一，是海軍上校「查克」歐文．查爾斯．勒莫恩（Irve Charles "Chuck" LeMoyne）。勒莫恩在越戰期間擔任海豹隊員，後來一路晉升到隊中的高級軍階，並協助引導該法案在國會過關，以及後續於海軍的推動。勒莫恩在海豹部隊的評價褒貶不一，他並不符合越戰時期海豹隊員的典型樣貌，他舉止不粗魯、鮮少講狠話、言行溫和得體、性格沉靜，卻意志堅定。

在創建特戰司令部之後，勒莫恩晉升為少將，並擔任海軍特戰司令部的首任司令。他是海豹隊員中，第一位入住將軍官舍的成員。我確定他希望自己能把艱辛的日子拋諸腦後，但他並未止步於少將一職，而是徹底改造了海豹部隊與特戰快艇部隊（Special Boat Units），並為這些團體奠定了長遠成功的基礎。

這是巨大無比的任務，且會不斷遭受海豹隊員社群內外的批評。但在我與勒莫恩將軍相處的期間，我從來沒看過他氣餒喪志、心煩意亂或精疲力竭的模樣。**他很清楚自己備受矚目，因此無論情況為何，他都有責任表現出一切順利的態度**。

在晉升為二星少將後，勒莫恩被診斷罹患喉癌，或許是因為他在越南時曾接觸到橙劑[1]所致。但他沒有因此退休或停止幫助海豹部隊，反而加倍努力。當他的聲帶被切除後，他運用電子發聲輔助器繼續公開演講。

身為最資深的現役海豹隊員，勒莫恩是當時的「牛蛙」，在我的記憶裡，每次他演講時都會開自己的玩笑，說自己說話的聲音在電子儀器強化後，就像是蛙鳴聲來開頭。

我曾有一次詢問他，為何他在罹癌後仍繼續努力，他笑著把發聲輔助器拉到脖子上，然後說：「唯一輕鬆的一天……」不需要把那句話說完，我就知道他的意思。

遺憾的是，勒莫恩在一九九七年辭世，享年七十五歲。他從來沒有完整了解到，他對現代海豹部隊與特戰快艇部隊，以及像我這樣，看著他以優雅、謙遜、幽默與勇氣來領導的青壯軍官，造成了多深遠的影響。

覺得今天比昨天輕鬆，就是失格的領袖

幾年後的二〇〇二年，我在小布希[2]政府服務時，美國東岸海豹部隊的指揮官邀請我參加一場會議。而以典型的海豹部隊聚會來說，我們一開始都會做一小時的早操，接著再開始長跑。由於我在二〇〇一年遭逢嚴重的跳傘事故，

1 編按：Agent Orange，在越南戰爭期間，美軍用來破壞地形的除草劑，但因含有大量戴奧辛，容易引起包括癌症在內的各種病變。

2 編按：George Walker Bush，第四十三位美國總統。由於其父喬治・布希（George Herbert Walker Bush）曾任第四十一位美國總統，故多以「小布希」與「老布希」代稱二人，以免混淆。

身體尚未復原，這時要我加入任何體能訓練，用「考驗」來形容都算客氣了。

但我想起了勒莫恩，我知道，他絕不會因為一點不適就抽身放棄。所以我拿出男子氣概，跟大家一起參與晨間體能訓練。我們從慣例的一系列動作開始，包括伏地挺身、仰臥起身、八拍健身操（eight-count body builder）和踢腿。我只能勉強做出這些動作，但還是嘗試撐下去。在做完早操後，我們開始十英里[3]長跑。

其他海豹隊員同袍，全都一開始就全速奔跑，而我只能在前一百碼左右跟上，接著便開始落後。幾分鐘後，我連大隊伍的背影都看不見了。

整趟路程是繞著州立公園的兩英里跑道跑五圈。隨著時間一分分過去，我繼續拖著腳步前進，這時隊伍最前頭的跑者（一位年輕的上尉）即將要比我多跑一圈了。他放慢速度，在我身旁停下——他知道我曾發生跳傘事故，當下他帶著疑惑的目光看著我。

「長官，您到底在做什麼呢？」他問道。

「這話是什麼意思？」我反問。

他搖搖頭，然後說：「長官，您為什麼還要出來做操呢？您已經不再需要證明自己的能力了。」我還沒來得及回答，他便已加速跑遠。

當時我是海豹部隊的上校，已經完成了主力級船艦的派駐任務（軍官職涯的重要里程碑），所以對那位年輕的上尉來說，我已經不再需要自我證明。但我想告訴他，而且想要用盡全力對他大喊的是，他錯到極點了！

當你相信自己不再需要自我證明、不再相信需要竭盡所能；**當你認為自己有資格享受特別待遇、認為苦日子都已經過去時，那就是你不再適合擔任這項工作領袖的那天**。

領導需要活力、需要耐力、需要毅力、需要你付出一切，然後更進一步。為你工作的下屬，會從你的活力中汲取力量，如果你看似沒有準備好應付每天的挑戰，他們都看得出來。如果你因為今天比昨天更辛苦，而展現出氣餒的疲態時，他們也感覺得出來。如果你沒有準備竭盡所能，他們更會知道。

---

3 編按：一英里約等於一．六公里。

如果你認為，只有帶隊打仗的領袖需要在意這種事，那你就錯了。**所有肩負困難任務，需要激勵、鼓舞與管理下屬的偉大領袖**，都會在意這種事。

但這不是要你每天做到筋疲力盡，當個偉大領袖並不代表你必須擁有超人般的力量。這只是要你意識到，**領導需要付出努力，每日皆然**。

有時候你就是沒辦法做到，沒關係，這很正常。但接下來，在明天或是再下一天，你也得繼續努力。你唯一成為失職領袖的時候，就是當你認為，今日會比昨日更輕鬆之時。

領導金句

1. 每一天，你都必須滿懷活力與熱情。
2. 你沒資格享有任何特權，你只能更加努力。基層人員比你更努力，薪水卻更少。
3. 每天都全力以赴，就好像組織的成功與否全部取決於此一樣。

第 6 章

直面問題，跑向槍聲的所在

有時候，你就是得裝上刺刀，衝向破口，
不能在面對困難時退卻。

秋季的巴黎相當美麗。香榭麗舍大道（Champs-Élysées）沿路的樹葉正漸漸轉黃，早晨天清氣爽，濃濃的咖啡香與暖呼呼的法式糕點香在空氣中瀰漫。晚上時，艾菲爾鐵塔（Eiffel Tower）將被點亮，屆時不分老少，都會在塔下巨大的鐵柱間彼此依偎，尋求溫暖與陪伴。巴黎就是有股神奇的魔力，當你人在阿富汗思索這種事時更是如此。

我已經夢想前往巴黎好幾個月了。我在阿富汗的任務能夠休假幾天，恰好足夠我往返法國。我的妻子喬治安（Georgeann）和女兒凱莉（Kelly）安排好在那裡跟我會合，我已有六個月未能與她們團聚，非常渴望見到她們。但一道敲門聲隨即響起。

當事態不妙，你得親自處理危機

「請進。」我從膠合板房間的另一側喊道。

我軍營小屋（B-Hut）的房門被打開，負責夜間作戰行動的上校走了進來。

「長官，抱歉打擾您，但有個平民傷亡事故，而且場面不太好看。」

「拿張椅子過來。」我回答。

那位上校拿出一張地圖和幾張空拍照片，放在房裡的小桌上。接下來的幾分鐘，他概述了在針對任務目標行動時，是如何導致平民傷亡。他說的沒錯，場面並不好看。

平民喪生總是讓人情緒低落——無辜百姓被流彈擊中，或是被誤認為塔利班（Taliban）或蓋達組織成員。你可能會試著告訴自己，戰爭的本質就是如此，但這種說法完全無法讓你更容易接受。活生生的真人遭受真正的傷亡，任何東西都無法緩解這種傷痛——無論是你的傷痛，或是他們的傷痛。

「長官，將軍已被告知此事。毋需多言，他並不滿意。我告訴他的幕僚你明天將離開駐地，於是他要求在你出發前的今晚見你。」

「好。通知聯合作戰中心，說我稍後就會過去。」

當上校離開時，我已經知道自己該做什麼事了。我拿起話筒，透過軍隊接線生，打電話回我位於北卡羅萊納州布拉格堡（Fort Bragg）的家中。

電話在另一端剛響起，喬治安立刻接了起來。我還沒來得及開口，她已搶先說了話：「沒問題吧？我們等不及在巴黎見到你了！」

我頓了片刻。在我坦白之前，她已經知道了。

「你不會來巴黎了，對嗎？」

我深深吸了一口氣，開始向她解釋。我實在不可能在這個時刻離開——在有人不幸喪生、組織聲譽陷入危機，上司與下屬都在尋求領導，而我有必要留守崗位、平息這場風波的時刻，我實在不可能飛去巴黎。

我心知肚明，而在跟我結婚三十五年後，她也同樣清楚這點。我們以前也曾發生過類似的狀況。這是我在軍旅生涯中學到多次的教訓。**當事態不妙，便是領導者積極行動、前往問題所在，並直接處理危機的時刻。**

身先士卒，是最有效的命令

一八六三年七月上旬的氣溫很悶熱。緬因州第二十步兵團，由於連續多日高強度行軍，抵達賓州小鎮蓋茨堡（Gettysburg）時已非常疲憊。情資顯示，羅伯特・李（Robert E. Lee）將軍正在調動部隊，從維吉尼亞州穿過波多馬克（Potomac）進入賓州，藉此切斷北軍[1]與首府華盛頓特區的聯繫。

一支北軍小隊在幾天前抵達此地，布署於麥克佛森嶺（McPherson's Ridge），那裡是蓋茨堡西方的關鍵地域。當第一支南軍抵達時，他們很驚訝北軍已經在此建立了陣地。

接下來的兩天，南軍以及由喬治・米德（George Meade）將軍率領的北軍，各自在蓋茨堡周遭強化陣地。其中，北軍選擇沿著名為墓園嶺（Cemetery Ridge）的高地列陣。

墓園嶺是由北方的寇普嶺（Culp's Hill）延伸而來，山脊下則是南邊的大圓頂（Big Round Top）與小圓頂（Little Round Top）。小圓頂是北軍布陣的最左翼，也是承受南軍攻擊時最脆弱之處——假使南軍奪下小圓頂，他們將能穿透北軍防線，擊敗米德將軍的軍隊。

當一八六三年七月二日的戰鬥展開時，南軍曾多次嘗試打破墓園嶺防線，但都被擊退。在此期間，約翰・基利（John Geary）將軍也曾為了支援北邊被削弱的北軍陣地，挪動一大部分軍力過去，導致左翼的弱點毫無防備。米德將軍一發現這項失策，立刻從第一師抽調一個旅過去補強防禦。

但李將軍已看到這個破口，在北軍的支援旅布陣完畢之前，他就下令攻擊。駐守在小圓頂的部隊包括美國第二神槍手兵團、密西根州第十六步兵團、紐約州第四十四步兵團、賓州第八十三步兵團，以及在最左翼的緬因州第二十步兵團，是由約書亞・張伯倫（Joshua Chamberlain）上校率領的三百八十六名步兵組成。

張伯倫並不是你想像中的那種典型士兵。在戰前，他是任職於鮑登學院（Bowdoin College）的教授，教導現代語言。他為人高尚、風雅有教養，但或多或少缺乏運動。他就學時研讀的是軍史，所以在戰爭爆發時，他自願從軍。

他奉命率領的緬因州第二十步兵團，並不被認為是軍中的精英部隊；事實

1 編按：此為美國南北戰爭時期（一八六一年～一八六五年），主張維持聯邦政府的聯邦軍（Union Army，北軍）與尋求獨立、建立聯盟國的邦聯軍（Confederate Army，南軍）交戰。

上，其中成員多半是非自願加入的士兵、叛節者和兩年制義務兵。後來幾個月中，張伯倫費盡心力讓緬因州第二十步兵團達到足以戰鬥的水準。

七月二日那天，約翰．胡德（John B. Hood）將軍以優勢軍力攻擊緬因州兵團。胡德將軍命令士兵尋找北軍的左翼並加以圍攻，意圖拿下小圓頂。

戰鬥越演越烈，在南軍看似要擊敗人數較少的緬因州第二十步兵團時，原本守在嶺上高處的張伯倫拿起步槍，移動到部隊前線。儘管他在先前的砲擊中負傷，他還是一跛一跛的走向部下。

當他來到軍團旗下方之時，他大喊：「上刺刀！全員向右衝鋒！」緬因州第二十步兵團的士兵裝上刺刀，以右彎的路線衝下山坡，對抗進犯的南軍。他們展現出的凶猛與勇氣，讓南軍大吃一驚、不得不後撤，於是拯救了小圓頂陣地及北軍的左翼。

史書後來記載，張伯倫在那一天的領導，以及緬因州第二十步兵團的勇氣，在蓋茨堡戰役之中挽救了北軍。假使米德將軍在蓋茨堡戰敗，南方邦聯很有可能因此在美國內戰中獲勝。想一想，如果張伯倫當時沒有「跑向槍聲所在之處」，今日的世界會有多麼不一樣。

扛不起責任的主管，遲早下臺

遺憾的是，並不是所有人都能理解，快速行動處理問題、擔負責任、讓自己成為解決方案的概念。

二〇一〇年四月，當位於墨西哥灣的深水地平線（Deepwater Horizon）鑽井平臺發生爆炸，導致十一人喪生，且造成業界史上最嚴重的漏油事故之一時，母公司的反應相當遲緩。

其執行長起初待在倫敦，並未前往漏油所在地的墨西哥灣沿岸。更糟糕的是，即使這起事故造成數十億美元損失、影響幾百萬人的生活，執行長仍試圖淡化事故的嚴重性，宣稱漏油跟「廣大海洋相比簡直微乎其微」。

他沒有擔起責任、正面處理問題，反而對該災難持續占據媒體頭條感到氣急敗壞，而且對他而言更重要的是，這已經影響到他的生活。

有一次，他向記者說：「你知道嗎，我希望我的生活能夠恢復。」不必多說，他這種對批評充耳不聞的回應飽受各方抨擊。過不了多久，他就被趕下執行長的位子了。

為什麼有人會不願意面對問題呢？因為當你成為解決方案的代表人物時，很可能代表——你得親自插手處理問題。

好的領袖都明白，組織遲早會面臨挑戰，這正是你被僱來領導的原因。擁抱挑戰並接受以下事實——你必須勇敢攻克所有問題，而且有時候，還是只有你這個領袖才能解決的、最困擾人的制度性危機。**永遠不要逃避，永遠不要在面對困難問題時退卻**。

我在阿富汗的上司對民眾傷亡事件並不高興，他也確實不該有那種情緒。幸運的是，他曾是卓越的士兵，很清楚戰鬥中面臨的挑戰。我的組織花了很長時間才重新贏回上級——以及更重要的，當地民眾與阿富汗出身的同僚——的信任。

但事情的第一步，是為這場悲劇負起責任，接著**積極處理問題。跑向槍聲**

所在之處。這無論在個人與專業層面上，向來都具有風險，可是逃避問題、避不處理，只會讓情況更加惡化。

有時候，你就是必須敢於「上刺刀」，然後衝向破口。

領導金句

1. 積極進取，一看到問題就加以處理。大家都期待領袖會這麼做。
2. 移動到你最能評估問題本質的地方，然後提供解決問題所需的指引與資源，越快越好。
3. 在你行動的每一步，都妥善傳達你的意圖。

第 7 章

沒人出面？我來！

起而行卻犯錯，

遠比「不行動」的錯輕微得多！

二〇五號高地（Hill 205），似乎不是個會締造美軍陸軍傳奇的地點。

自從麥克阿瑟在一九五〇年九月十五日，成功於韓國仁川登陸後，美軍便開始驅趕北韓軍，將其遠遠趕離北緯三十八度線，幾乎推進到與中國交界的鴨綠江處。在美軍的勝利與北韓軍潰退後，有些專家相信，韓戰很快就會結束。

當第二十五步兵師在北邊的九龍江戰鬥時，勝戰似乎即將到來。但麥克阿瑟與美軍驚訝的發現，中國的介入將扭轉一切。

一九五〇年十一月二十五日，一支陸軍遊騎兵小隊，奉令奪下並守住九龍江南方一處關鍵地域。但他們不曉得的是，中國第三十九軍團已在那個高地聚集大量兵力駐守。

這件事得有人來做

由拉爾夫．帕克特（Ralph Puckett）中尉率領的遊騎兵小隊，正準備橫越開闊的地貌，前往被稱為二〇五號高地的制高點。當遊騎兵們往高地移動時，中國士兵以迫擊砲、機槍與輕兵器大肆開火。

由於該處毫無掩蔽，帕克特呼叫美軍砲兵支援，試圖壓制來襲的迫擊砲火，但中國的機槍手與砲兵躲在散兵坑內並做了偽裝，很難加以定位。帕克特必須先想出方法精準找出中國軍的機槍手，他麾下的遊騎兵才可能準確回擊。

位在隊伍前線的帕克特，知道他只有一件事能做——**他完全不顧自己的性命，從散兵坑跳出並衝向開闊地帶，迫使中國軍隊必須瞄準這位年輕中尉**。當機槍手對狂奔的帕克特開火時，其他遊騎兵藉此看出對方的所在地並射擊。

一次又一次，帕克特回到散兵坑喘口氣後便再度跳出去。每次他跑進開闊地後，遊騎兵們就能找出並消滅更多敵方機槍手。

在來襲的輕兵器槍火減弱後，遊騎兵前進並占領了二〇五號高地。後來的歷史顯示，帕克特率領的遊騎兵，在後續兩天擊退了一波波中國援軍的進攻，此期間共有十名遊騎兵陣亡、三十一人受傷，帕克特自己也在傷兵之列。

基於領導並奪下二〇五號高地的表現，帕克特獲頒榮譽勳章[1]（Medal of Honor）。後來他又參與了越戰，並獲頒美國第二高等級的傑出服役十字勳章

（Distinguished Service Cross），以及兩枚銀星勳章（Silver Stars）。

多年後，當回想起帕克特中尉跑向開闊地的英勇行徑時，其中一名他麾下的士兵這麼說：「**必須完成這件事，必須有人去做！**」

遊騎兵間流傳著一句拉丁語名言：「Sua Sponte。」意思是，不需要別人要求便自行去做；換句話說，就是不用別人提示該做什麼事，你就做了。

人們時常誤以為，士兵只會聽命行事。但美軍的強大在於，偉大的士兵——真正偉大的領袖——**不用別人命令，就會做「對」的事**。

他們這麼做是為了保護下屬、為了捍衛部隊聲譽、為了榮耀自己的國家，無論有沒有收到命令。這種主動的意識，是偉大領袖與平庸領袖之間的差異。儘管沒人命令帕克特莽撞且不顧一切的衝進開闊地，但是必須有人這麼做。

我在伊拉克與阿富汗的戰爭期間，一再看到這種程度的主動。陸海空軍與海軍陸戰隊都明白，基於這種作戰的本質，將軍們需要下放權力，容許年輕的

---

1 譯註：榮譽勳章為美國政府頒發的美國最高軍事榮銜，授予那些「在與敵對武裝力量的戰鬥中，冒生命危險並且超越職責範疇，展現出（極為顯著的）超凡英勇行為」的軍人。

軍官與士兵做出艱難的作戰決策。我們必須委任職責，因為沒有那麼多軍官來監督所有戰術行動。我們必須信任基層人員會做出對的事。

要資深領袖信任下屬處理重要決策，例如那些終究會影響部隊聲譽，以致影響資深領袖的決策，向來並不簡單。但若不創造出容許基層人員自主行動的文化，他們將會陷入事事猶豫、阻礙任何前進的趨勢。

儘管如此，領導力並非總是要由指揮系統的最高層來定義，也未必非得要是位居指揮崗位的人才能領導。

沒有人出面，所以就由我來

這是檀香山（Honolulu）典型的一天：天空晴朗，溫暖的熱帶空氣徐徐吹拂過棕櫚樹梢，福特島（Ford Island）周遭海水清澈蔚藍。

一九九八年，我以海軍上校暨海軍特戰第一大隊隊長的身分來到福特島，參加一棟建築的落成典禮，該建築以我的密友莫基・馬丁（Moki Martin）少校的名字命名，並向他致敬。

莫基在夏威夷出生長大，後來以海豹隊員身分成就非凡事業。莫基是越戰老兵，也是典型的蛙人。在軍旅生涯中，他是屢獲嘉獎的勇士，擅長各種兵械、熱愛跳傘與水肺潛水、精於各種體能活動。遺憾的是，莫基在一九八三年發生機車事故，導致他胸部以下癱瘓。過去十五年來，他只能以輪椅代步。

落成典禮在一處大型室內機棚舉辦，會場以紅、藍、白色的彩旗裝飾，講臺後方立著夏威夷州州旗，超過兩百位來賓與海豹隊員出席。一排排椅子已在講臺前方擺好，而海豹隊員與船員則在機棚後方以緊密隊形站定。

在慣例的隆重儀式結束後，我走向講臺致詞。在我說完後，莫基自己也推動輪椅迎向麥克風——麥克風的高度已經過調整，讓他可以坐在輪椅上致詞。

莫基一開始講話後，大家就注意到，主辦方並未調整好麥克風的高度，因為即使是坐在第一列的來賓，都無法聽見莫基在說什麼。

我知道自己必須從位置上起身，穿過蒞臨的貴賓，在眾目睽睽下尷尬的調整麥克風。彼時，莫基還在感謝各界人士，但如果我不趕緊行動，來賓將會錯過他激勵人心的話語。

在我正要起身時，一位年輕、穿著白色制服的海豹隊員脫隊而出，大步走過在場兩百位來賓，直接來到麥克風前。他先是立正、向上校行舉手禮，然後調整麥克風、再行一次禮，接著向後轉回到隊伍。莫基的致詞因此完全沒有一刻被遺漏。

在典禮結束後，我找上那位年輕隊員，謝謝他在當時迅速行動。他回答：「長官，這件事需要處理，但沒有人出面。所以我想，就由我來做吧。」

說到真正的領導，這或許是我聽過最貼切的回覆。「**沒有人出面，所以由我來做**」正是自主行動的本質。

真正的領導，並非總與負責處理生存危機的人相關。你不用像拉爾夫·帕克特那樣，在敵軍試圖射殺你時冒險跑過開闊地。有時候，真正的領導僅僅是在沒有人出面時，主動去做對的事。

當你不用別人要求便自主行動，便會為組織定下基調，讓其他人意識到，這個團隊期待成員主動行事，並希望能因此獲得回報。這種做法給予員工賦權感，使他們有承擔的意識。

他們可能會犯錯，那些錯誤也會帶來負面影響。不過我向你保證，**「起而行卻犯錯」導致的後果，遠比「不行動」這樣的錯誤輕微得多。**

領導金句

1. 培養行動的文化，讓基層人員主動應對需要處理的問題。
2. 主動行事的文化將導致大家熱情非凡，以至於偶爾搞砸事情，但你要接受這個現實。過度熱心，總比無所作為的文化好。
3. 讚美那些自行嘗試解決問題的人，就算結果不如預期也要如此。

第 8 章

勇者得勝

每個傻瓜都可以展現大膽無謂的氣勢，

但只有優秀領導者能把風險降到可控制的程度。

我看了看手錶，再三十分鐘就是作戰啟動時間。我桌上亮橘色的「勇往直前」（Rip it）能量飲料罐幾乎已經空了。我喝掉最後一口，然後起身走進戰術行動中心。

那是個沒有窗戶的小房間，設置有許多大型平板顯示器，明亮的顯示今晚的任務資訊。二十人各自坐在桌前，認真盯著電腦螢幕，臨場協調最終指示。房裡人人忙著做事，卻幾乎沒發出噪音。

沒人注意到我進入戰術行動中心，但這是好事，因為他們需要保持專注。今晚將是他們人生面臨過最巨大的任務。如果我們出了差錯，終生都得背負失敗的重擔；但如果我們順利成功，便會是得以流傳後世的壯舉。

我們必須讓它順利成功。

偉大與平庸領袖的差異

「那麼，克里斯，該出發了。」我說道。

克里斯・法瑞斯（Chris Faris）是我麾下的指揮士官長，也是組織內的資深士官，他正靠在一名情資分析師的肩膀旁。他對那名年輕人點點頭，笑著拍了拍對方的背，然後走到門邊跟我會合。

「我的天，這些傢伙真厲害。」克里斯說道。

「他們最好如此，」我回答：「很多事情都得靠他們了。」

我與克里斯走出悶熱的建築，步入夜色之中。阿富汗在落日後會有一種獨特的氣味。山風吹入谷地，讓空氣涼爽清新，但其中仍有一股明顯的人類活動異味——煙霾、汗水、塵土與木頭——劃破大自然的純淨，激起你的感官。

我們在賈拉拉巴德（Jalalabad）的基地周遭生機勃勃。上千名阿富汗人住在附近的城市，烹煮食物、照顧牲口與養育家庭。對他們來說，二〇一一年五月一日僅是又一個夜晚——但對我們這些參與「海神之矛」行動（Operation Neptune's Spear）的人來說，這是我們希望能逮到奧薩瑪・賓・拉登的一夜。

我又看了看手錶。離作戰啟動時間還有二十分鐘。

我與克里斯走離戰術行動中心，途經散落種著矮胖棕櫚樹的中庭，再走下坑坑窪窪的水泥人行道，最後來到海豹隊員在搭上直升機前，進行最終準備的開闊區域。

火坑裡的火燒得明亮，附近一臺播音機正大聲播著音樂。當我走近這群身穿重武裝的士兵時，這支中隊的士官長關掉音樂，大喊要所有人靠過來。

現場的氣氛並不緊繃，純粹是認真的人們準備進行嚴肅的任務。他們全都知道，這項任務無論成敗，將會決定他們終生的評價。

這群海豹隊員靜了下來，人人看著我。我示意克里斯上前講幾句話。克里斯自十八歲以來就加入戰鬥，他比我更清楚即將登上直升機的人在想什麼。

現場列隊的所有人，全都知道克里斯的經歷。他曾參與在負面意義上相當知名的黑鷹墜落（Black Hawn Down）事故[1]，因表現英勇而獲頒銀星勳章。他也曾在波士尼亞服役。過去十年間，他則協同一支陸軍特種部隊奮戰。他已

1 編按：即摩加迪休之戰（Battle of Mogadishu）：一九九三年十月，於索馬利亞首都摩加迪休市爆發的軍事衝突。美國特種部隊和民兵在市區巷戰，最終造成雙方與民眾傷亡，期間有兩架美軍UH-60黑鷹直升機接連遭到擊落。

經博得這群海豹隊員的尊敬，人人都聚精會神的聆聽。

雖然時節已是五月，賈拉拉巴德夜間的氣溫仍冷到需要生火。克里斯走近火坑，一腳踩在外側的石頭上。克里斯體格中等、一頭黑色捲髮、下巴方正、黑眸銳利。他暫停片刻，盯著環繞他的二十四名士兵。他短暫瞥了地面，彷彿在整理思緒。

「紳士們，我們的英國同僚有句名言。」他再度停下，從左到右緩緩看著圍成半圓形的每個人：「勇者得勝。今晚你們將被要求展現巨大的勇氣，但我知道，你們將會凱旋勝利。」

勇者得勝。這四個字總結了每支偉大突擊隊的精神，也是偉大領袖與平庸領袖之間的差異。

一九四二年，體格瘦長、名叫大衛・史丹林（David Stirling）的年輕英軍軍官說服上級，他相信可以用一小群突擊兵偷襲納粹德國陸軍元帥埃爾溫・隆美爾（Erwin Rommel）於北非的裝甲部隊，並獲取極大的戰果。

史丹林把他找來的突擊兵稱為「特種空勤團」（Special Air Service，簡稱

SAS），藉此隱藏他們真正的任務。在歷經數次地面與空降行動失利後，史丹林徵用了十八輛吉普車，各車全都裝上機槍，接著開始四處駕車攻擊德軍的油料庫與機場。

一九四二年一整年，史丹林親自率隊在德軍後方進行打帶跑襲擊。隆美爾把史丹林稱為「鬼影少校」（Phantom Major），因為他總能在德軍防線內外穿梭且不被抓到。史丹林最後被俘虜，逃脫之後又再被俘虜，但他的特種空勤團突擊兵繼續在北非戰場博得傳奇名聲。當他被要求為特種空勤團定下座右銘時，他選擇了「Qui audet adipiscitur」這句拉丁文，也就是勇者得勝。

展現勇氣，不等於魯莽行事

就在賓．拉登任務啟動的前一天，歐巴馬總統打電話到我位於阿富汗巴格蘭（Bagram）基地的總部找我，祝我與海豹部隊好運。我遠比他知道的更感謝這通來電，因為我清楚，他背負的壓力有多巨大。

過去幾個月，情報部門努力判斷那個體型高瘦、在巴基斯坦阿伯塔巴德（Abbottabad）一處建築內踱步的人影，究竟是不是賓・拉登。但儘管用盡旗下資源，仍然無法確認那個「踱步者」是否真是九一一事件[2]的首腦。

這代表美國總統必須在情資不足的情況下決策——這將會導致派遣二十四名海豹隊員與四架直升機進入另一個國家，而且降落的建築還離各種威脅設施不遠，包括三英里外與西點軍校齊名的巴基斯坦軍事學院；另一座大型步兵營也在三英里外；一英里外還有一所警察局。

如果這個決策有誤，踱步的人影單純是個高瘦的巴基斯坦人，歐巴馬的政治生涯勢必會因此終結，他終生都得背負這項任務失敗的後果。更別說在任務過程中，交戰雙方都可能有人喪命。其中風險極大，但總統知道他必須承擔這種風險。我欽佩他的膽量——勇者得勝——但更重要的是，我欽佩他的明智，他清楚知道自己承擔的風險本質為何。

由於有無數書籍與電影描述海豹部隊，世人總會誤以為一旦收到任務指令，我們就會直接抓起武器出發。電影沒有時間穿插行動前的各種規畫與準備，而且也不會有人想讀一本超過半數篇幅在講述規畫過程的書——讀者與觀眾想看的是行動，想看在戰鬥中開展的大膽無畏、英勇行徑與戲劇性場面。誰想看一群人拿著彩色筆和白板，畫出詳盡的行動計畫呢？

展現巨大的勇氣，並不代表承擔不必要的風險。無論是在商界或戰鬥中，**每個傻瓜都可以展現出大膽無畏的氣勢**，浪擲性命、金錢與其他人的未來。巨大的勇氣確實代表你得大膽到挑戰極限，在其他人因風險而退縮時，你選擇把握良機行動。**但偉大的領袖知道，他們必須把風險降到可以控制的程度**，讓風險與執行任務者受過的訓練或天賦相稱。

在突襲賓・拉登的三週前，團隊把七五%的時間用於規畫任務。我們對巴基斯坦的空中防禦、警力、軍力、地形、氣候，以及賓・拉登所在的建築，都掌握了廣泛情資。

我們設計的計畫包含一百六十五個階段，並確認出其中的訓練需求、裝備

---

2 編按：二〇〇一年九月十一日，由蓋達組織策劃的美國本土恐怖襲擊，共造成上千人傷亡。

安排、情資缺漏，及可能發生的意外。儘管我們知道，意外與不確定性是所有任務的常態，但還是試圖做到周全。當我們因為情資不完整（例如賓・拉登所在建築內是否設有詭雷，或者地底是否有逃生通道），而無法妥善評估風險時，我們便會另立計畫處理每項意外。

在任務進行時，由於直升機旋翼引發的下沉氣流製造出渦流（真空狀態的空間），導致領頭的黑鷹直升機失去升力而墜落於賓・拉登所在的建築。但因為我們做過詳盡的規畫，不遠處已安排好一架備援直升機。一架直升機墜落是計算內的風險，我們早有預期且做好準備。

在任務完成且海葬賓・拉登的遺體後，全世界都意識到美國舉國歡欣鼓舞。基於總統的大膽無畏，且願意在情資不明確下冒險，他理所當然受到各方稱譽。

當他的決策被人追問時，總統說，雖然賓・拉登是否處在那棟建築的信心水準只有五〇%，但他對執行這項任務的海豹隊員、直升機機組員以及情報專家，有著百分之百的信心。總統決定展開這項行動，不只是大膽，同樣是經過周密分析的表現。

當我們綜觀歷史，尋找那些在商界、娛樂界、運動界、藝術界或軍旅中冒著巨大風險的人，我們將會發現，他們全都知道「風險之中必有良機」的道理。

機會之所以存在，是因為當風險看似過高時，其他人——那些欠缺自信前進的人——太害怕而不敢冒險。儘管如此，每出現一名成功人士，就有成千上萬人淪入失敗。成功與失敗的區隔究竟何在？

一九九一年時，我在加州蒙特瑞的美國海軍研究所（Naval Postgraduate School）就讀，花費兩年時間研究一項特種作戰理論。我想知道，為什麼特種作戰任務儘管風險極高卻仍能成功。光是大膽無畏就足以邁向勝利嗎？當突擊兵素質遠優於敵方時，就註定在戰鬥中獲勝？還是因為科技太先進，讓他們擁有巨大的優勢？

最後我發現，雖然上述因素都是必要條件，但當然不足以保證獲勝。在所有案例中，**「勇者得勝」必須要以「規畫周全、準備充分者得勝」來支撐**。唯有經過廣泛的規畫與準備後，特種作戰的領隊才能辨識出主要風險因素，並制定出處理那些風險的方案。對外人來說，風險看似很大，但**對身處其中的人來說，風險都在控制之下**。

每個偉大領袖都必須展現大膽無畏的風範，因為基層人員可不會想跟隨膽怯怕事的人。當其他人因為懼怕失敗而軟腳時，領袖必須準備好行動、必須擁抱「勇者得勝」這則座右銘。

同時，領袖也不該把勇氣與膽量，跟莽撞與粗暴混為一談。前者是好事，後者則必然會導致失敗。

領導金句

1. 尋找承擔風險的機會，偉大領袖永遠不會膽怯或懦弱。
2. 以規畫周全與準備充分來減輕風險。
3. 從自身錯誤中學習教訓，並準備接受下一個巨大風險。別讓一次失敗定義你。

第 9 章

只有希望沒有計畫，就是在作夢

我們希望有好結果，我們希望有好結果，

喊口號，不能稱之為戰略。

眼前的大螢幕雖然勉強有掛在牆上，卻沒有牢牢栓進水泥牆面。螢幕上切成多個分割畫面，其中的會議參與者，分別是華府各反恐部門的資深官員。

我與上司史丹利．麥克克里斯托將軍同處一室，他是彼時特種作戰司令部的司令。

當時是二〇〇四年二月，我與麥克克里斯托在卡達杜哈（Doha）短暫停留，跟來自跨部門的同僚舉行視訊會談。

麥克克里斯托專心盯著螢幕，開口說：「為了反制蓋達組織建立的網絡，我們打算在全球建立特種作戰與情報分析人員的網絡。」

他暫停片刻。

「我們需要以網絡來擊敗網絡。」麥克克里斯托強調，這一次語氣更重。

「這個目標很難做到。」有人回答。

「我不知道我能否讓我的部門同意此事。」另一人回應。

「你要從哪裡找來這些人？」國防部的代表問道。

「史丹利，我不確定。」其中一人搖著頭說。

麥克克里斯托思考了一下。

「那麼，我們不只打算在全球建立網絡，我們還要你們所有人提供各自最傑出的人才，這樣我們才能成立跨部會的專案工作小組。」

我靜靜的看著螢幕，有幾人翻個白眼，用手搔了搔頭。

其中一名比較資深的人說：「史丹利，聽著，我感謝你試著做的這件事。這是很好的願景，但我不確定你要怎麼做才能成功。」

螢幕內的其他人都點頭同意。

「嗯，我們全都支持你。」那名資深官員講話時語氣不怎麼堅定：「我們希望能有好結果。」

我們**希望**能有好結果。我們**希望**能有好結果。

螢幕畫面消失後，麥克克里斯托起身走向白板。他拿起一支白板筆，我跟他開始一同制定計畫——**希望可不會是我們的戰略**。

希望如果沒有計畫，就只是白日夢

「希望不是戰略」這句話的起源眾說紛紜。我自己是在一九八五年，當我還是年輕的海豹部隊上尉時首度聽到。那時我犯了錯，跟上司說：「在做完所有規畫與訓練之後，我希望任務能順利進行。」上司立刻批評我，說**如果希望是我的戰略，那這項任務便很有可能失敗**。他隨後把我趕回作戰規畫室，確保我已經處理完所有風險因素。

有人說，這句話是出自文斯・隆巴迪（Vince Lombardi）。這位美式足球教練是典型的嚴格教頭，當他為綠灣包裝工隊（Green Bay Packers）打造戰術時，他絕不讓運氣決定成敗。

而在二〇〇一年，有一本由瑞克・培吉（Rick Page）撰寫，名為《希望不是戰略》（*Hope Is Not a Strategy*）的暢銷書[1]。該書是本商業書，但對任

1　譯註：本書繁體中文版書名為《拿下企業的大訂單：贏得企業客戶的六大強效銷售策略》，由美商麥格羅希爾出版。此處因需呼應格言本身，故採原文書名直譯。

何擁有願景的領袖來說，其中涵義是一樣的：**你必須努力投入，才能讓願景化為計畫——一項設有里程碑、能夠量測且可以產出成果的計畫。**

對麥克克里斯托來說，希望對成功有其重要性，因為它能激勵部隊行動，但**希望如果沒有跟妥善計畫相配合，那就只是在作白日夢。**

後續幾天，麥克克里斯托在幕僚協助下，打造出建立反恐網絡的框架。我們知道蓋達組織在哪裡運作，也知道他們的後勤要地、運輸路線、金融中心、兵員招募站所在。

我們必須在恐怖組織曾經現身過的所有機構、使館、結盟軍隊等交會處安插情報人員。這些蒐集到的資訊，將被彙整並傳送到我們的跨部會聯合專案工作組，這裡聚集了我們所能找到最厲害且最聰明的特戰隊員、情報專家與執法專家。

接下來的五年，史丹利．麥克克里斯托打造出戰史上最有效率的軍事組織之一。他所建立的特種作戰網絡，以及他麾下的軍官與士官，滲透到美國政府所有主要機構，以及大多數的反恐盟國之中。

用「麥克克里斯托的部隊拯救了上千名美國人與盟國民眾」來描述，絕非誇大其詞——恐怖攻擊計畫遭到破壞、海盜的行動被阻止、獨裁者被推翻、惡人被關進監獄，這一切，全是因為史丹利．麥克克里斯托及其團隊，並不把希望當成戰略。

領袖必須要有願景、規畫戰略，然後制定能把願景化為現實的計畫，這似乎是不言而喻之事。這個概念很簡單，但執行上極為艱難。困難之處在於它需要領袖全神貫注，但每個領袖都有上百件可能讓自己分心的事。

根據我指揮時的經驗，我發現，領袖在任內頂多能完成兩到三項大型任務。如果你把注意力分得太廣，你就無法成大事，因為唯有讓基層人員足以處理大型任務。領袖才能確保人力、資源、資金與能量，來解決真正的大事。

永遠不要低估希望的力量。希望能激勵人心、鼓舞士氣、使人強大。如果一個人沒有希望，就無法完成任何值得做的事。但**單單抱持希望，只會淪為痴心妄想**。讓希望與穩固的戰略、詳盡的計畫，與辛勤努力結合，那麼天下就沒有做不到的事。

領導金句

1. 擁有願景：描述你打算**做什麼**。讓願景大膽又激勵人心。
2. 擁有戰略：描述你打算**怎麼做到**。讓戰略清晰又簡潔。
3. 擁有計畫：顯示**誰**來負責以及執行細節，並全都需要彼此連結。

第10章

有備案嗎？

永遠要規畫最壞狀況下的計畫，
即使那種情勢看似永遠不可能發生。

羅素・斯托菲（Russ Stolfi）博士，在下拉式投影幕前來回踱步，偶爾才停下腳步更換幻燈片。他年約六十出頭，身材高大、鬍子刮得非常乾淨、髮際線有些後退，而且對軍服的喜好近乎異常。

斯托菲是歐洲戰爭的專家，彼時他在加州蒙特瑞（Monterey）的美國海軍研究所教授戰爭史。

他身穿軍綠色迷彩西裝，正在對教室內的軍官講授他最喜歡的主題之一：人稱老毛奇的普魯士將軍，赫爾穆特・馮・毛奇（Helmuth von Moltke the Elder）。

斯托菲大聲說著，千萬別把老毛奇跟他的姪子小毛奇（Helmuth von Moltke the Younger）搞混了。老毛奇曾擔任普魯士王國和德意志帝國的總參謀長超過三十年，被認為是史上最傑出的軍事戰略家之一。老毛奇不僅重振了普軍，還將這支軍隊現代化。

他服膺祖國先賢卡爾・馮・克勞塞維茨將軍的思想[1]，重視集中軍力數量優勢與機動性來擊敗敵人。同等重要的是，他理解現代軍隊若想成功，**將軍必須交出一部分的控制權，讓下屬有更多權力判斷**。

計畫總是趕不上變化

當時，我剛結束沙漠風暴行動[2]（Operation Desert Storm）返回美國。我發現，普軍的戰術既令人著迷，而且在一九九〇年代仍然適用。

斯托菲打開電燈並關掉投影機，略為誇張的問道：「那麼麥克雷文中校，你今天在這堂課學到最重要的教訓是什麼？」

我快速回想斯托菲用油性筆寫在幻燈片上的重點。那些全是在戰略與戰術中，已被普遍接受的公理：戰爭是以另一種手段延續的政策；永久和平只是個夢想；想要鞏固和平，必先備戰；所有國家的命運皆取決於實力。我必須從中挑選一個回答。

「戰爭是政策的延續。」我開口。

「是嗎，中校？」斯托菲邊說，邊把手中的簡報棒在我桌上敲了幾下。

「你身為軍官知道的應該不只如此。當你在規畫計畫時，應該考慮最重要的事項是什麼？在戰略、行動或戰術中，最基本的面向是什麼？」

斯托菲拿起他準備的最後一張投影片，然後關掉電燈。我還沒能回答，他便開始引述老毛奇的名言：**「任何計畫在與敵方主力接觸後，其確定性都會消失殆盡。」**

斯托菲接著說：「換句話說，永遠要有 B 計畫、應變計畫、備用計畫。因為一旦你遭遇敵軍，**任何計畫在接敵後都無法奏效。**」

接下來的兩年，在斯托菲博士的指導下，我開始撰寫博士論文，題目是「特種作戰理論」。當我在研究特戰史上著名的十個任務時，我清楚的知道，

---

1 譯註：克勞塞維茨為普魯士名將及軍事理論家，曾著《戰爭論》，該書被奉為西方軍事理論的經典之作。

2 譯註：沙漠風暴，為第一次波斯灣戰爭（Gulf War）期間的空襲任務代號。

老毛奇古老的理論絕對經得起時間考驗。那可不是能被迅速忘記的事。

最好的計畫，就是永遠有B計畫

「再兩分鐘抵達。」

從影像畫面中，我看到兩架黑鷹直升機呼嘯著飛越巴基斯坦國土。隨著艙門開啟，海豹隊員準備以快速游繩技巧（fast-roping）垂降到阿伯塔巴德的一處建築，這裡住著全球頭號通緝犯——蓋達組織首腦，奧薩瑪．賓．拉登。

我在阿富汗的指揮中心，專心看著第一架直升機飛到十八英尺高的水泥牆上，接著在賓．拉登藏身的三層樓建築旁盤旋。當直升機調整成拉平落地姿態（flared）、準備投下垂降繩索時，我看到直升機開始搖晃。

它的機鼻上翹，機尾不尋常的由右向左擺。我從無線電通訊中聽到，直升機駕駛正全力控制機體——肯定出狀況了。幾秒後，直升機猛力向前一翻、機尾大幅向左擺，機體和乘員都墜落在外側院子，遠離預定的降落點。

第二架直升機的駕駛，看到領頭機強硬著陸的模樣後快速往右飛，讓海豹隊員在建築外降落。**我們原本的計畫全都亂了套**。搭乘第一架直升機的海豹隊員，如今被孤立在這棟建築的另一個區域，無法快速抵達目標所在地。

而搭乘第二架直升機的海豹隊員，原本預定降落在建築屋頂，目前卻在建築外，必須攻破好幾道金屬門才能進入。在白宮觀看行動的總統及幕僚，全都因此屏住呼吸。在當下，行動的成敗似乎懸於一線。但儘管情勢看似危急，我知道我們已準備了讓任務重回正軌的計畫。

在發動海神之矛行動（也就是突襲賓．拉登任務）的三週前，計畫規畫者便考慮過海豹隊員與直升機可能發生的所有意外，預期將會出狀況。規畫者不只預測到機隊會偏離空降地點，也想到需要備援直升機，以防機隊其中之一甚至兩架都意外墜落。

一如計畫安排，海豹隊員迅速調整完畢後攻入建築。幾分鐘內，他們便抵達三樓並擊殺賓．拉登。同一時間，負責空軍的指揮官已讓備援直升機飛至定點，抓準時間接回海豹隊員，並摧毀損壞的黑鷹直升機。兩小時後，所有人都安全返回阿富汗——**A 計畫失敗了，但 B 計畫與 C 計畫都完美達成。**

機率再低的事件，都得納入考量

軍事決策程序（MDMP）是軍官與士兵在策劃軍事行動時，所使用的基礎工具。它包含了七個步驟：受領任務、任務分析、研擬方案、比較分案、核准方案、命令製作，與頒布。

這個程序有許多不同變體。海軍陸戰隊使用的是快速反應計畫程序（R2P2），空軍和其他部隊使用的則是聯合計畫系統（Joint Planning System）。商業界的各大公司也會使用各式各樣的壓力測試，以確保它們準備好面對金融危機，例如蒙地卡羅模擬（Monte Carlo method）、陶德法蘭克法案壓力測試（FAST），或綜合資本分析和檢查（CCAR）。

這些程序與測試，都需要規畫者檢查計畫、研究選項、在最壞狀況下測試各種做法，並確保擁有相應的必須人力、訓練與設備來執行。儘管排練各選項並不是規畫程序中固有的步驟，但也不難理解**必須經過演練，才能具體找出存在最高風險的潛在領域，進而改善計畫、盡可能降低風險。**

不管是軍事決策程序、蒙地卡羅模擬或陶德法蘭克法案壓力測試，它們的問題都在於得花費大量時間與人力。此外，倘若你一開始的假設有誤，便可能以為自己已處理完所有風險，抱持錯誤的安心感。但儘管存在那些考量，當你經營公司時，如果某項任務或問題真有那麼重要，就值得如此的投入。

在埃克森油輪瓦迪茲號（Exxon Valdez）於一九八九年造成海洋生態浩劫後[3]，美國國家運輸安全委員會報告指出，阿拉斯加輸油管公司（Alyeska Pipeline）、埃克森公司、美國聯邦與州政府所執行的應變計畫並不充足。

該報告結論寫道，許多檢查員「**專注於（事件發生的）低機率，並自欺欺人的認為後果嚴重的事件永遠不會發生**。即使真的發生，那些未經測試的應變

---

3 譯註：該油輪在阿拉斯加州威廉王子灣觸礁，洩漏一千一百萬加侖原油（超過四千萬公升），並導致周遭魚類和野生動物大量死亡，當地漁民賴以生存的捕魚業亦不復存在。

計畫也足以應付」。以這種做法來規畫B計畫，往往會造成致命的錯誤。

身為領袖，**永遠要確保組織已投注心力，規畫最壞狀況下的計畫，即使那種情勢看似永遠不可能發生**。因為老毛奇說的沒錯：任何計畫在接敵後，都無法奏效。所以，永遠要做好準備。

領導金句

1. 永遠要考慮最壞狀況並加以規畫。
2. 測試計畫，確保組織內的所有人在事態轉壞時知道如何應對。
3. 做好準備——莫菲是樂觀主義者[4]。

4 譯註：指莫菲定律——任何可能出錯的事，都必定會出錯。

第 11 章

贏家都得付出代價

組織邁向偉大的唯一方法，

便是設定高標準，並期待大家能實踐。

此時，我正在加州的豔陽曝晒下苦苦掙扎。

從海上吹來的夏日熱風用力打在身上，腳下的沙灘鬆軟，讓我穿著叢林靴踏出的每一步，都遠比我能使出的力量更令人費勁。雪上加霜的是，前一天我才在海豹部隊教官的監督下，額外做了兩小時的鍛鍊操。惡名昭彰的「馬戲團把戲[1]」（Circus）正在讓我付出代價。

士官長向我大喊：「快啊，麥克雷文先生！你身為軍官，就不該落在隊伍後頭。快點跟上！」

教官身穿藍底金字 T 恤、卡其短褲和綠色叢林靴，他似乎毫不費力的在沙上滑行，前額一滴汗也沒流。我心想，這怎麼可能呢？

我前方有一長隊的海豹部隊訓練生，長度超過一百碼。幾分鐘前，我們才通過四英里沙灘長跑的折返點，現在所有人都在加快速度，在返回終點前最後衝刺——除了我以外的所有人。我是機尾射擊員（Tail-End Charlie）、氣象播

1 編按：即海豹部隊中額外兩小時的操練，目的是耗盡學員體力、擊垮學員精神。

報員[2]、是隊伍中的最後一個人，而我幾乎連這個位置都要守不住了！

教官是在越戰期間多次獲勛的海豹隊員，精壯得像是長跑選手。他跑到我身旁，在我耳邊低語：「麥克雷文先生，你絕不僅止於此。我知道你做得到。」

贏家犧牲奉獻，贏家永不言退

他說的沒錯。我在高中與大學時都是一英里賽跑的選手，也是訓練班上的最佳跑者之一。但眼下我因為連日辛苦的鍛鍊而極端疲憊，已經用盡氣力。在這個時刻，天底下沒有任何事能驅使我跑得更快了。但接下來，教官說了那句話：「麥克先生，切記，贏家得付出代價！」

「贏家得付出代價。贏家得付出代價。」海豹部隊的每位教官，都在訓練時說過這句名言。大家都期待海豹隊員是贏家，而成為贏家的唯一辦法，就是設下高標準：高標準的體格、高標準的專業精神、高標準的行為準則。

贏家辛勤努力，贏家犧牲奉獻，贏家永不言退。如果你想成為海豹隊員，你必須是個贏家——這就是為什麼，我們所有人都自願接受訓練。因為我們想要成為贏家。

雖然這句名言是被設計來鼓勵隊員的，但同時也暗藏威脅：如果達不到標準，你也會付出代價。以沙灘長跑來說，做不到的代價將是進入「惡棍小隊」（Goon Squad）：任何未能在指定時間返回終點、達到體能標準的人，將會立刻被集結起來再跑一英里。如果再失敗，剩下的訓練生將再跑一英里。當然，這些失敗也將導致你在訓練結束後，被加入懲戒名單。

我開始手腳使勁，試圖動得更快、盡力增加速度。我超過一名又一名訓練生，看到領頭的跑者弗雷德・亞索（Fred Artho）少尉。亞索可說是人類工程學的奇蹟——他是班上體格最好的人，而且似乎感覺不到疼痛。他可以永無止境的跑下去，甚至始終保持微笑。

教官跟上我的速度，大喊道：「快一點，再快一點！」

2 譯註：機尾射擊員指二戰時期，坐在轟炸機座艙尾部操作機槍、攻擊後方敵機的乘員。氣象播報員則通常是在新聞節目的末尾才出現。以上兩者皆引申為「最後一人」的涵義。

我們已經跑到科羅納多碼頭，離終點只剩一英里。我從眼角看到教官的藍底金字T恤。現在他也開始流汗，但臉上帶著笑容，稱許我的努力。科羅納多海岸（Coronado Shores）是一帶皆四層樓高、與沙灘平行的公寓社區。我們跑過一棟又一棟建築，只剩下四分之一英里了。

「衝！衝！衝！」我對自己高呼。

「就是現在！」教官放聲嘶吼：「拚過去！」

我的肺部像在燃燒，雙腿因為腎上腺素奔湧變得麻木，雙眼覆上一層汗水與沙塵。現在我前面有三名跑者。只有三名。我擠出最後一分力氣，盡可能用力驅動雙腿衝向終點線。最終我跌入沙灘，取得第三名的成績。

「做得不錯，麥克雷文先生。做得不錯。」教官氣喘吁吁的笑著對我說。

在我從訓練班畢業，並加入海豹部隊後，「贏家得付出代價」這句話便日漸淡出年輕世代海豹隊員的辭典。只有我們這些老傢伙，還記得這句教官不斷複誦的名言。但海豹部隊對於高標準的重視始終不變，也同樣期待：如果你是最佳人選，那麼就得設下高標準。

更高的標竿，得由領袖以身作則

一九九〇年七月，我當時是海豹部隊於西太平洋區的特遣隊隊長，隊伍包含兩艘海狐式（Seafox）特戰快艇、一支通訊隊，與一排海豹隊員。那時我們加入了由五艘船組成的兩棲待命支隊（Amphibious Ready Group），於太平洋航行三十天之後，在菲律賓蘇比克灣（Subic Bay）停靠。

入港幾小時後，兩千名海軍船員與二十一名海豹隊員便獲准上岸自由行動。隔天早上我接獲消息：一名我麾下的海豹隊員捲入酒吧鬥毆，且事態嚴重。巧的是，那一晚也有二十二名船員惹上同等程度的麻煩。

早上八點時，我從船內的通訊器聽到我的名字：「麥克雷文隊長，請至艦橋報到。」

這可不會是好徵兆。我知道我的上司暨艦隊司令，正在等著質問我。

當我從船艙爬上三層階梯前往艦橋時，我暗自考慮要怎麼辯解。對，我麾下的海豹隊員惹了一些麻煩，但那些犯下同等錯誤的二十二名海軍船員又該怎麼說呢？

走進艦橋後，麥克・庫馬托斯（Mike Coumatos）司令正坐在船長椅裡。我走近椅子，做出變體的立正姿勢。

「長官，我奉命前來報到。」

庫馬托斯走下椅子，我看見他滿面怒容。他在越戰時期曾擔任直升機駕駛，戰術眼光高超，而且在過去十八個月的相處期間裡，我深深欽佩他率領兩棲待命支隊的領導能力。直到今日，我仍然認為麥克・庫馬托斯，是我曾效命的最佳領袖之一。

身高僅一百六十六公分的他拉近我們之間的距離，狠狠瞪著我，離我的臉只有幾公分，咆哮道：「你麾下其中一名海豹隊員，昨晚捲入酒吧鬥毆，還打了兩名船員。這種事態完全不可接受！」

「是的，長官，我完全同意。」我以這句話開頭，但接下來，我犯了致命的錯誤：「不過長官，我也注意到，昨晚另有二十二名船員涉入類似事件。」

我沒能繼續說下去，庫馬托斯便向我逼近，近至幾乎貼上我臉的距離，他氣得漲紅：「威廉，他們是年輕的海軍小夥子！我早就料到他們會惹麻煩！」

接下來他便提醒了我，為什麼我是海豹隊員。

「但我期待你和你的海豹隊員們，表現出更高的標準。而我期待你身為他們的領袖，更要做到同樣的事情。清楚嗎？」

我期待你和你的海豹隊員們，表現出更高的標準。在我後來的生涯中，那句話始終在我的腦海裡迴響。儘管海豹部隊以組織來說，偶爾會無法達到那種高標準（並因此面臨痛苦且羞恥的後果），但我們從未因此停止提高標準，始終嘗試做到最好。

而且我向來知道，身為團體的領袖，我的職責是確保行為準則與專業精神達標。這代表**我不只得設定標準，還必須要求大家做到**。

在要求高標準的同時，人們便會逐漸認識到，它們對組織有多重要。可不會有人說出這樣的話：「我可以在哪裡找到平庸的團隊？我想加入——我想成為平庸團隊的一員。」

不管是烤漢堡、洗車等小生意，參加運動隊伍或投身軍旅，所有人都希望自己參與的是某種特別的事物、希望自己是偉大組織中的可貴成員。而組織唯一能邁向偉大的辦法，便是設定高標準，並期待人們能實踐。

領袖有時會因為替下屬設下不合理的標準而困擾，並很快會發現標準過高所帶來的挑戰。但我想告訴你，為你工作的年輕男女，全都渴望接受挑戰。他們希望成為最佳人選，希望當上贏家。即使有時，那代表得付出代價——辛苦工作、高標準和負起責任。

永遠不要低估延伸目標[3]（stretch goal）的價值。你得先設下高標準，並邀請你的員工來克服挑戰。

3 編按：指給手下團隊比其正常能力更難一些的挑戰。

領導金句

1. 藉由設定高標準來培養贏家文化。
2. 問責，是在團隊中區分出高績效者的唯一辦法。
3. 稱讚那些達到或超越標準的人，如此便能鞏固贏家文化。

第 12 章

牧羊人應該聞起來像他的羊

如果你太常待在辦公室，不清楚部屬的現狀，
終將成為做出壞決策的差勁領袖。

我把綠色的海軍行李袋掛在肩上，只以微弱的紅光作為指引，伸長手、瞇起眼，四處張望摸索著走進船員住宿艙。

現在已將近午夜，在夏威夷希卡姆空軍基地（Hickam Air Force Base）接我上船的少尉跟我說，歐萊特號（USS Ouellet）護衛艦上的船員，要在明天早上六點三十分集合。

時值一九七四年七月，彼時我是三等見習軍官，正在進行為期七週的暑期巡航勤務，派駐地點是夏威夷的珍珠港。接下來七週，我將以士兵身分向船上的水手學習各種事務。這次的經驗，也讓我對於領導的看法永遠改觀。

我脫下鞋子，準備爬上位在上鋪、周遭被三個鋪位夾住的床位。我輕輕把腳放在下鋪的欄杆上往上爬。我抓住上鋪的尼龍繩，開始把自己拉上去，卻滑了一跤，接著腳本能的尋找立足點——我立刻知道，自己踩到人了。

下鋪傳來低沉吼聲，接著一個巨大的人影翻出床外：在短短十九年的生命裡，那是我見過體型最大的男性之一。

「老兄，搞什麼！你在搞什麼鬼！」他大喊。

當我抓住床架欄杆一側時，一個高大的薩摩亞人[1]冒了出來。他的手臂簡直跟我大腿一樣粗，而且滿面怒容，住宿艙內的紅光在他眼底閃爍。

每個人都有故事──而且，他們都想說

「嘿，兄弟，我真的很抱歉。」我邊說邊試著爬下欄杆。

「閉嘴！我還想睡覺！」遠處的臥鋪有人怒吼。

薩摩亞人一隻手揉著他被踩到的臉，另一手抓住我的衣領，把我拉過去。

「你他媽的是誰？」他大喊，絲毫不在意吵到其他入睡的水手。

「小聲點！」又有人喊道。

「威廉．麥克雷文。我是見習軍官──一小時前剛上船，被分到上鋪──老兄，真抱歉踩到你的臉。」我試著把所有事情用一個長句子解釋完畢，免得那成為我人生中的最後一句話。

這名巨大的薩摩亞人先是把我轉到一邊，盯著我一會兒，又把我轉到另一

邊，說道：「兄弟，你要知道，我只有這一張臉，而且這張臉還挺帥的，我可不希望有人對它亂來。小妞們都喜歡它長現在這樣。」

「對，對，當然了。」

他鬆開我的衣服，然後抓住我的行李袋。

「這是你的嗎？」他問道。

「是的。」

「兄弟，跟我來，今晚先把它放到水手長的置物櫃，明天早上再來拿。」

在我放好行李後，我衣著整齊的爬進臥鋪。薩摩亞人則等著我順利抵達，以免我又礙到他：「對了，老弟，我叫瑞奇（Ricky）。歡迎來到海軍。現在去睡吧。睡覺優先。」

接下來的七週，瑞奇對我相當關照，並教導我他所知道關於水手的一切。全都是小事，像是：如果你使用拋光機時握得太緊，就會控制不了機器；如果

1 編按：主要分布於美國與大洋洲的南島語族族群，該族群大都身材壯碩魁武，且不分男女皆有紋身習俗。

要把工作服壓得平整，最好的辦法就是睡覺時把它放在床墊底下；如果要清小便斗的汙漬，就需要一把好牙刷與小蘇打粉。當然，我還知道檀香山每一家好酒吧、骰子賭場與當舖在哪裡，瑞奇特別擅長玩骰子。

知道這些小訣竅，讓我能順利跟水手打好關係，但我也從中學到真正重要的教訓——每名水手都有自己的故事，例如他們為何加入海軍的故事、他們家人的故事、他們家鄉的故事。

而其中最重要的，是他們派駐到海外時的故事：幾乎打翻船艦的大浪、海上補給時發生的瀕死體驗、差點跟他們結婚的波利尼西亞（Polynesian）漂亮公主、讓他們通吃所有賭金的一手牌、屁股上莫名多出的龍形刺青、參加過的跨越赤道儀式，以及海上的日落美景。**每名水手不只有故事，而且都想說出自己的故事，並希望你能聆聽**。傾聽與你共事的人，能讓你學到許多事情。

我還學到，像瑞奇這樣的水手希望能成為某個特殊事物的一員。他們對自己服役的船艦很自豪，儘管會不斷抱怨飲食、軍官與其他船員，但也會炮口一致對外的向外人捍衛自船的聲譽。

把下屬的付出看在眼裡

瑞奇與其他船員明白，我總有一天會掛上代表少尉軍階的橫槓，所以他們確保我清楚知道，他們對軍官有哪些期待。

例如，他曾指著一名年輕的上尉說：「那傢伙，他每天都會去鍋爐間陪我一個小時。兄弟，好軍官就該像那樣！」

「執行官[2]在必要時是個強硬的狠角色，不過在能夠放鬆的時候，他也會讓我們偷點懶。他也是個好軍官。」

「船長總把我們操得很慘，但他也總能確保我們占到碼頭最好的位置。」

他們最尊敬的，是能在鍋爐間溫度接近五十度時仍然進去的軍官；是不怕弄得滿身油膩，陪他們一起轉扳手的軍官；是會在傍晚大掃除時，拿起掃帚幫忙的軍官；是會在他們為船身上漆時，提水來幫忙的軍官；以及，那些平日會

2 編按：在美國海軍編制中，為指揮官的副手，相當於船艦的二把手。

感謝他們辛勞的軍官。

不過，他們也希望所效命的軍官，能夠做出艱難決策、要人負責、辛勤工作，而且比那些更重要的是，**他們希望軍官能重視他們所完成的苦工**。最後，他們希望有能讓他們感到驕傲的軍官，即使他們不會公開這麼說。他們希望長官頭腦聰明、體格健壯、穿起制服英挺帥氣，而且不會在自由活動時，因為喝得酩酊大醉或舉止粗魯，而讓他們丟臉。

三年後，我當上海軍少尉，並接受基礎水中爆破訓練。但我從來沒有忘記我從瑞奇那裡學到的教訓——**共享苦難**、**共享危險**、**共享同袍情誼**、**傾聽他們的故事**。如此一來你不但能了解麾下的水手，還能知道他們對你有何期待。

海豹部隊訓練跟軍中絕大多數課程不同，軍官會與士兵接受完全相同的訓練——同樣在軟沙地上跑步、在開放海域游泳、同樣的障礙突破訓練、同樣飽受騷擾、經歷連日全身溼冷、可憐兮兮的狀態，以及一同面對地獄週。

跟士兵共享同樣的苦難，能讓軍官理解什麼才能驅動士兵，同時也讓士兵能對軍官有某種程度的尊敬，因為彼此已共享了羈絆。

後來的三十七年時間，我都試著前往第一線，盡可能把時間用來跟麾下的海豹隊員相處。但隨著軍階晉升，我越來越難做到，有時我會試著說服自己，我在辦公室的業務更重要。但顯而易見的是，對任何組織來說，戰略規畫相關的工作很重要，不過，**知道你的決策會對基層人員產生何種影響，也同等重要**。

如果你身為領袖，卻無法花時間到工廠現場、無法在辦公室隔間之間巡迴、無法跟實習生交談、無法跟年輕員工一起喝杯咖啡，那麼你就無法明白你的事業正在發生哪些變化——這樣的領袖，終究會失敗。

在我於伊拉克與阿富汗服役期間，我目睹了許多偉大軍官（包括陸軍與海軍的上校和少校，還有資深士官）是如何跟他們率領的部隊互動。好的軍官會把時間用於前線，在伊拉克費盧傑（Fallujah）躲子彈、搭乘悍馬車開上愛爾蘭路（Route Irish）[3]、坐直升機飛越興都庫什山脈，或只是跟駐守哨塔的士

---

3 譯註：指巴格達機場路（Baghdad Airport Road）的其中一段。該道路連接機場與重兵鎮守的綠區（Green Zone），為物資與人員進出的要道，時常發生恐怖攻擊。至於美國駐軍為何稱之為愛爾蘭路，則有各種不同的說法。

兵說說話。

這些互動的重要性，不只在於能了解部隊現況，幫助你做出更好的決策。同樣至關緊要的是，能讓部隊把領袖風塵僕僕、汗流浹背，與他們待在一起的一幕幕看在眼裡。

方濟各教宗（Pope Francis）曾說：「牧羊人應當聞起來像他的羊。」雖然這是一句相對新鮮的名言，但它反映出歷史上所有偉大領袖的思維。

如果你不清楚下屬現況、太常待在辦公室、沒花多少時間待在工作現場，導致無法體恤下屬，最終**導致你的「氣味」，全然不像你誓言要保護與領導的人**，那麼你終將成為做出壞決策的差勁領袖。

領導金句

1. 跟員工共享苦難，將會贏得他們的尊敬，也能學到自己是個怎樣的領袖。
2. 共享同袍情誼，讓員工看到你（在有理由時）玩得開心的一面。
3. 傾聽基層人員的聲音。大多你難以解決的問題，他們都早有解方。

第 13 章

成敗的關鍵：士氣

士氣並不只是讓員工感覺良好，
而是要讓他們覺得自己受到重視。

「檢閱部隊」（Trooping the line）是深植於美國陸軍的傳統。在過去，將軍會命令麾下士兵在閱兵場集合，讓軍官審視部隊、詢問訓練相關事宜、確保將軍的指示有一路下達至隊伍中最年輕的二等兵。

包括華盛頓[1]、格蘭特、潘興、艾森豪、柯林·鮑爾[2]（Colin Powell），以及美國陸軍史上第一位女性四星上將安·鄧伍迪（Ann Dunwoody），所有偉大的將軍都曾檢閱部隊。

各軍種都有類似的活動。在海軍，每天早上船員和海軍陸戰隊員會在船尾或飛行甲板集合，聽取當日訓示。在空軍，航空人員會在停機坪集合並宣布命令。在所有案例中，大家都深刻理解到，**身為軍官，必須出面與部隊同在**。你需要確保上級的命令有被遵守，也需要確保部隊盡可能常常看到他們的領袖。

在我每次接受領導職務時，檢閱部隊——每天在建築、基地或營區間走

---

1 編按：指美國開國元勳喬治·華盛頓（George Washington），其在獨立戰爭期間任大陸軍（英屬北美殖民地的獨立武力）總司令。

2 編按：鮑爾在波斯灣戰爭期間，任美軍參謀長聯席會議主席。

動——總是能讓我洞察到組織是否運作良好，以及我的領導是否有效。

有人痛恨當兵，有人引以為傲

「長官，您要外出嗎？」埋首於電腦前的上校抬頭問我。

「只是出去走走。」我回答。

他瞥向掛在牆上的電子鐘螢幕，然後露出微笑。現在是阿富汗時間清晨四點，正是我實施夜間老規矩的時刻。

「長官，最後一項任務應該會在一小時內完成。」他說道：「如果有狀況，我會聯絡您。」

「了解。謝謝。」

以週六清晨來說，在我所派駐的阿富汗巴格蘭聯合作戰中心總部，那算是異常安靜的一天。三項在坎達哈（Kandahar）與加茲尼（Ghazni）的遊騎兵任務已經完成，士兵所搜索的高價值目標順利捕獲，但兩名遊騎兵在其中一次攻擊中負傷，幸好沒有大礙。而在賈拉拉巴德之外的阿富汗東部，仍有一項海豹部隊任務正在進行。

當我離開聯合作戰中心時，我看到掠奪者（Predator）無人機傳來的影像，正拉近到海豹隊員進攻的阿富汗建築。許多微小的黑色剪影，目標明確的在各建築之中移動。當他們湧入開闊的庭院尋找目標時，手中拿著的雷射指示器在螢幕上劃出一道道光芒。

只是又一個尋常的阿富汗夜晚。

當我準備離開建築時，我注意到負責入口崗哨的年輕衛兵，正在仔細的整理她面前桌上的門禁卡。為我麾下特戰部隊提供支援的士兵，許多都是為期一年的派駐，而基於我們任務的機密性本質，他們多半不清楚我們的身分。

我停下腳步跟她簡短聊天。她剛進陸軍不久，俄亥俄州出身，是俄亥俄州立大學七葉樹美式足球隊（Buckeyes）的粉絲。她有三個兄弟，這也塑造了她堅強的性格。她其中一個兄弟進了海軍陸戰隊，不過人還在美國本土。

她是家族中第一個進入陸軍的人，也是第一個參戰的人。她很自豪，也有點害怕，不過這裡的人還算友善和氣。她很高興能跟我們一起服役，並順勢問道我們是什麼身分。

我謝謝她入伍，並說她在俄亥俄州的父母會以她為榮。由於她明知這時入伍將會面對戰爭，仍願意參軍，我也相當以她為傲。至於我們是什麼身分？

「我們是特種作戰部隊，負責在阿富汗獵捕頭號要犯。」她聽完後露出大大的笑容，說她的兄弟肯定會嫉妒她。我回答：「沒錯，他會嫉妒的。」

在這棟充斥著日光燈、電腦螢幕、無人機影像與出口指示牌的兩層樓膠合板建築外頭，阿富汗的夜色顯得格外漆黑。儘管停機坪上總是會亮起昏暗的黃色燈光，但當你大膽走出附近區域後，就一定得使用手電筒。

離開入口崗哨之後，我向右轉，慢慢走上充當軍營主要幹道的碎石路。這座軍營占地五英畝，座落在巴格蘭空軍基地中央。除了基地餐廳與醫院，其他我們規畫與準備任務所需的事物，全都在這個被隔牆圍住的區域進行。

接下來一小時，我順道去了車輛調配場，發現機械工人手不足。當我經過洗衣部時，那裡有半數的機器無法運作。最後，我將前往這趟散步的最後一站：警衛塔。

沿著外牆，每五十碼就有一座高二十英尺、以金屬柵欄圍住的建築，頂端則是一棟六乘六平方英尺大小的房屋。這棟小屋四方都設有槍眼，不過大口徑機槍則對準塔利班會發動攻擊的開闊平地。在我派駐阿富汗期間，我們從沒有遇過能威脅到軍營的地面攻擊，不過即使發生，我們也已做好了準備。

我爬上通往小屋底部活板門的階梯。先敲了門才慢慢舉起門，以防撞到裡面的士兵。

「沒問題，上來吧。」他說。

為了避免干擾士兵的夜視能力，我關掉頭燈後再爬進小屋。

「今晚狀況如何？」我邊說邊慢慢站起來。

「沒事，老兄。你呢？」士兵回答，他在黑暗中辨認不出我是誰。

「很好，很好。」我答道：「我是麥克雷文中將。」

「酷。」他回話，顯然不曉得中將是什麼身分，也可能是不知道為什麼一名中將會在清晨四點來到警衛塔。

「今晚平靜嗎？」我詢問。

「還行。幾個小鬼從空地另一端扔了石頭。我想他們可能不喜歡我們。」

「你說的沒錯。」我在黑暗中笑著說。

「三之四，這裡是……」無線電發出一陣雜音。

「這裡是三之四，剛才呼叫的電臺，請重複最後一句話。」士兵從腰帶上拿起手持無線電說道。

「我重複……」傳來的回應仍聽不清楚在說什麼。

「該死的電池沒電了。」士兵抱怨道：「早知道就該在出勤前確認的。」

他低頭瞄了一下手錶，按下夜燈鈕確認時間。

「這只是例行檢查。」他喃喃自語。

他再次按下通話鍵，對著無線電大吼：「這裡是三之四，一切正常！」

我仔細聆聽，辨識出微弱的「了解」回覆。

這位來自科羅拉多州的喬伊．班森（Joey Benson）二等兵相當健談。他的年紀以二等兵來說算老，而且相當痛恨軍隊，但在犯了幾項輕罪後，法官沒給他多少選擇：如果不進軍隊，就得進監獄。他入伍只是為了撐過這段時間，之後想回到科羅拉多州滑雪。

我也漸漸知道：他希望自己再也不會捲入麻煩，並重申自己雖然痛恨軍隊，但喜歡跟他共事的士兵；他痛恨軍隊，但其實喜歡待在阿富汗；他痛恨軍隊，但上頭的軍官與士官人滿酷的；他痛恨軍隊，但正在學習怎麼當個機械工；他痛恨軍隊，但熱愛射擊。還有，他等不及要退伍了，但覺得如果能升到中士也蠻酷的，他可以教教那些年輕小鬼怎麼當兵……。

解決微小，但棘手的問題

隔天的世界協調時間（Zulu Time）上午十一點[3]，我們展開例行的全球

3 譯註：早期的世界標準時間，是以英國格林威治天文臺的時間為準，其位於經度零度的時區，故又被稱為 Z-Time（Z 代表 Zero），而 Z 在無線電術語中被念作 Zulu，因此得名 Zulu Time。後來隨地球磁極變化，世界標準時間改成以原子鐘定義的世界協調時間（UTC）為準。

視訊會議。我指揮的特戰部隊，布署在全球大小不一的基地與營區。我們會檢視所有大型行動，從伊拉克到阿富汗，索馬利亞到北非，菲律賓到葉門；檢視所有高價值目標、所有危害國家生存的威脅，以及當日各項重要議題。

一小時後，我最後一次拿起麥克風。一如往常，所有與會的軍官與士官都殷切等待我這個「老頭」展現某種哲人睿智，能扭轉他們在對抗蓋達、塔利班、青年黨（Al-Shabaab）、博科聖地（Boko Haram）與阿布沙耶夫（Abu Sayyaf）的局面[4]。

「各位，我昨晚照例去四處走走，並發現了幾件事情。我希望每位指揮官與資深士官，都能去處理這些重要問題。」

在我面前的三十個螢幕影像中，大家都拿起筆來，準備寫下高層頒布的另一個重要諭令。

「首先，我希望讓所有支援士兵參加簡報，簡報主題是『我們是什麼樣的專案部隊』。我希望他們能成為團隊的一員。我很驕傲能有他們加入，並希望他們能因為待在這裡而感到光榮。」

幾個人皺著鼻子，還有幾張臉五官扭曲成一團。向常規兵進行簡報，向來被視為有安全風險的做法——也罷，老頭，如果你想這麼做，那就做吧。

「接下來，我希望所有資深士官檢查各自的洗衣部，確保所有機器都正常運作。如果有異狀，請跟我的幕僚長聯絡，我們會負責換新設備。」——洗衣部？你在開玩笑嗎？三星上將在為洗衣部操心？那種事是小士官在煩惱的。

「以及，我希望所有指揮官檢視各自的車輛調配場，計算車輛與機械工的比率。每三到四輛車輛，應至少搭配一名機械工。如果比率超過這個數字，請跟我的幕僚長聯絡，我們會提供額外協助。」——好，可以接受，我們全都需要更多機械工。

「最後，我希望每個警衛塔的主管，在各輪排班值勤前做一次個人檢查。我希望確保警衛的無線電電池有電，並要他們接受過妥善射擊點五零機槍[5]所

4 譯註：青年黨在索馬利亞周邊活動，博科聖地在奈及利亞活動，阿布沙耶夫則在菲律賓與馬來西亞活動，三者皆為恐怖組織。

5 編按：指白朗寧 M2 重機槍。

需的一切訓練。」——天哪，我們真的有一堆事要做了……。

「大家有意見嗎？」我拋出眾所皆知只是形式上的提問。參與者全都不太熱情的點頭。

所有領袖都清楚任務成敗的關鍵，莫過於部隊的士氣，但領袖常常誤解士氣的本質。**士氣並不只是讓員工感覺良好，而是要讓員工感覺受到重視**。那代表讓基層人員保有完成工作所需的資源，也代表部隊相信，領袖有在傾聽他們的顧慮。

幾週內，所有營區的洗衣機與烘衣機都正常運作，車輛調配場內新進的機械工辛勤工作。而在二〇〇九年五月十四日，阿富汗時間清晨一點，十四名塔利班戰士穿越營區前方的開闊平地，朝警衛塔投擲手榴彈並開火時，各塔的警衛予以回擊，並以同步通訊即刻反應，共同阻止了這場進攻。

檢閱部隊一直都為我帶來正面助益，不管是在軍隊或擔任德州大學系統總校長時都是如此。領袖常會自我說服，**認為自己太過重要，不該去處理組織內的平凡小事**。他們這些真正的領袖，註定要解決棘手難題，像是能把組織推進至下一階段，或是唯有組織內最聰明的人才能解決的問題。

雖然沒錯，可是……永遠不要忘記在最底層，也有需要解決的問題。這些問題如果放著不處理，將會導致效率低落、效能變差與士氣低迷；這些問題難以被組織內的低階成員處理，但能在領袖一個簡短的指示下解決。

而有時候，揪出這些問題的唯一辦法，僅是走出你的辦公室，跟那些為你辛苦工作的人們聊聊天。

領導金句

1. 走出你的辦公室，跟指揮鏈最末端的下屬聊聊天。
2. 尋找機會，解決微小但棘手的問題。
3. 確保你的資深幕僚知道，「小問題」可能會對士氣造成大影響。

第 14 章

親自檢查

嚴格的評比與檢查，這是確保你為部屬設下的高標準，被遵守的唯一方法。

一七七八年，華盛頓指揮的大陸軍正陷入困境。沒有受過軍事訓練的志願者聽從呼籲從軍，然後被英國的正規軍狠狠擊敗。大陸軍缺乏紀律與組織，士氣低得可怕，這些農夫、技工與商人，連最簡單的軍事機動都很難做好。

該年冬季，華盛頓把軍力挪到費城（Philadelphia）外的福吉谷（Valley Forge）。他迫切需要有人來幫他打造一支專業軍隊，而當時人在歐洲的班傑明・富蘭克林（Benjamin Franklin），為這項工作找到了絕佳的人選。

一七七八年二月，弗雷德里希・威廉・馮・斯圖本（Friedrich Wilhelm von Steuben）將軍身穿全套軍裝與配飾，腰間插著兩把大型手槍，騎著一匹巨大的白馬進入福吉谷。一名士兵回想時說道，斯圖本抵達時，感覺就像「神話中的戰神本尊」。

斯圖本自十七歲起就加入軍隊，曾參與七年戰爭[1]（Seven Years' War）並多次負傷，後來又擔任過軍需官、副官與普魯士腓特烈大帝（Frederick the

1 編按：於一七五六年至一七六三年間，英國、法國、普魯士、西班牙等歐洲列強，於歐洲與其殖民地爆發的多場戰役。

Great）的隨從武官——他是士兵中的士兵。

斯圖本抵達後沒多久，華盛頓便任命他擔任大陸軍的總監。志願軍的慘況讓斯圖本非常震驚。福吉谷的營地布局非常拙劣：帳篷與營房散落在原野；士兵隨地便溺，根本不注重衛生；武器與裝備的狀態都不在可接受的範圍內。此外，由於沒有妥善保存紀錄，貪腐與受賄的情況相當猖獗，士兵會在拿到滑膛槍與其他裝備後轉手倒賣。

幾天內，斯圖本便開始檢查部隊及其營帳、步槍和戰鬥裝備，並清查行政紀錄，根絕藉由戰爭牟利的惡行。不久之後，大陸軍開始每日操練，斯圖本在一七七八年冬季撰寫了《美利堅合眾國軍規和管理規則》（*Regulations for the Order and Discipline of the Troops of the United States*），這份文件在頒布後便成為美國軍隊的基礎。

大陸軍的諸多成功，都歸功於斯圖本的影響。而在過去的兩百四十多年來，良好的秩序與紀律，以及檢查帶來的價值，也成為所有偉大軍事組織的支柱。每一位名聲良好的領袖，都不會質疑檢查的必要性。

沒人喜歡被檢查，但這是唯一確保紀律的方法

「巴得」艾利歐特·希德納（Elliot "Bud" Sydnor）上校走在路肩，檢查停得緊密、隨時準備出發的三輛十八輪大卡車。隸屬美國安全運輸局（Office of Secure Transportation）的聯邦探員全副武裝，在曳引車的車廂戒備，全長五十三英尺的拖車貨櫃中，則裝著要被送到全美的敏感性物資。

過去三週，前綠扁帽成員希德納向新探員傳授保安流程。所有能設想到對車隊造成威脅的事態，都會先行排練，包括恐怖攻擊、倡議團體設下路障或車輛故障。在每個情境中，所有探員各有其專責的任務。在這支危險的車隊出行時，完全不能心存僥倖。但如今訓練已結束，是真實任務上場的時候了。

希德納已把監督這項任務的權限轉移給資深聯邦探員，這名探員是一位警監，如今由他負責監督這些物資的實際運輸過程。當希德納檢查這項行動的最終準備時，他注意到一件事：這名警監從來沒有對貨車上的警衛做個人檢查。

他走向那名探員，委婉的說：「警監，不好意思，但我注意到你沒有對手下進行個人檢查。」

警監似乎有點生氣，翻個白眼說：「上校，咱們都是專家，沒必要檢查。」

希德納性格沈靜但注重細節，他直截了當的回答：「警監，**如果你是真正的專家，就會了解檢查的價值**。」

警監猶豫了一下，想起眼前這人的服役經歷。幾分鐘後，所有探員就列隊站好，由警監逐一確認每個人的裝備都已準備齊全且能正常運作。這名警監知道，如果問起誰最清楚檢查的價值，絕非希德納莫屬。

「巴得」艾利歐特．希德納上校曾在史上赫赫有名、突襲北越山西（Son Tay）戰俘營的特戰行動之中，擔任地面部隊指揮官。

一九七〇年十一月二十一日，六架直升機搭載著七十名美軍士兵，輔以四架 C-130 砲艇機與空中加油機支援，從泰國飛越寮國進入北越，準備營救被關在山西附近希望營（Camp Hope）中約六十名的美軍戰俘。

此外，海軍與空軍也派出上百架飛機與人員支援該任務。希德納研擬了訓練大綱、舉行排練、監督各項檢查，並親自率隊進攻戰俘營。希德納在本次任務的英勇表現，讓他獲頒第二高等級的傑出服役十字勳章。

在他服役三十一年退休後，他獲得的榮銜包括銀星勳章、兩葉橡樹葉簇功績勳章（Legion of Merit with two oak leaf clusters）、傑出飛行十字勳章（Distinguished Flying Cross）、銅星勳章（Bronze Star），以及數不勝數的其他榮譽。

山西突襲是現代戰爭史中最大膽、複雜的行動之一，可惜在作戰開始前，因為當地井水受到汙染，北越政府已把戰俘轉移至別處。進攻部隊抵達時，他們遭遇一支武裝充足的北越軍隊頑強抵抗，在長時間交火後，他們才發現戰俘已不在此處。但即使沒有拯救到戰俘，這項任務在組織與執行中，也可說是完美無缺。四十年後，我把山西突襲當成海神之矛行動的參考範本，也就是突擊賓・拉登的任務。

世上的每支軍隊都清楚檢查的重要性。我們會檢查制服、武器、車輛、坦克、飛機、船艦，以及任何對組織有價值的東西。但在商業世界中，人們太常忽略檢查，沒有充分投入應付出的注意力。所有執行長都重視能證實公司財政狀況的內外稽核，但同等的嚴謹心態，卻未必會用在公司的其他核心元素上。

大家時常忽視檢查能對士氣帶來的正面效益。**檢查並不只是確保人員遵守規矩，它會迫使公司系統內出現某種程度的紀律**，而一旦紀律存在，基層人員就會知道，他們身處的組織關心品質、成果與辛勤工作。

沒人喜歡被檢查，但每位專家一旦知道上司重視細節時都會心懷感激，因為業務成敗的關鍵，正是在於細節。

身為領袖，你必須在過度監管與疏於審查間找到正確的平衡點。若是無人監督，大多數組織都會淪為行事草率散漫，這是人類的天性。你的員工必須了解，他們的工作將會被審核、評估、檢查與評比。**這是確保你設下的高標準有被遵守的唯一辦法**。

儘管部隊永遠會抱怨監管過頭、檢查太多，但他們同時也會因為知道自己受到怎樣的期待，而心懷感激。

領導金句

1. 辨識出組織的核心能力。
2. 研擬計畫，定期檢查。
3. 在檢查時露面，以確保基層人員明白，領袖有將檢查與他們的辛勞放在心上。

第 15 章

行動前，確保部屬知道你要做什麼

任何對組織價值觀和目標的想法，
都要溝通、溝通、再溝通，
這件事不能假於外人，你要親力親為。

聖克利門蒂島（San Clemente Island）這塊荒蕪崎嶇的土地，位在聖地牙哥（San Diego）西方八十英里處的太平洋上。該島長約二十一英里、寬約四英里，常被霧氣籠罩。從遠方看來，就像電影中巨猩金剛生活的那座島。過去的六十年中，聖克利門蒂島都是海豹部隊第三階段訓練的根據地。在經歷將近六個月的嚴苛篩選程序後，少數尚未被淘汰的訓練生，將會來到聖克利門蒂島，期盼能完成最後三週的訓練。

最後一個階段，往往是最困難的階段。

第一晚，海豹部隊教官會帶著訓練生到離岸三英里的地方，然後把你丟進水裡、叫你游回岸邊，同時還興高采烈的告訴你，聖克利門蒂島周邊海域有哪些鯊魚活動。

接下來是十六英里長跑、五英里長泳、沒完沒了的夜間爆破與武器操練、每日體能訓練，以及用來打擊意志、考驗毅力的不斷騷擾。這裡不只是有志成為海豹部隊隊員的最終試驗場，也是對軍官與資深士官最重大的考驗。

海豹訓練中的其他部分，都沒有那麼重視領導能力，但在這座島上，訓練生將率領排員通過一連串考驗：各種簡短的戰鬥操演，皆旨在測試最艱困情勢下的指揮與管制能力。其中一項考驗，是伏擊操演。

在訓練起始的六個月前，我們班上有一百一十人，如今只剩三十三人。我們意志堅強、積極進取、體格壯碩，而且驕傲得會害慘自己。那天早上，我們在島上西北側一處小平地集合。島嶼的下半部壟罩著一層灰霧，延伸到波瀾起伏的海面。海岸線周遭全是陡峭的懸崖。

聖克利門蒂島的地貌多半是灌木叢、仙人掌與石塊，但有一塊區域的灌木與小樹形成迷你森林般的植被，足以讓七名裝備著突擊步槍、機槍與仿真手榴彈的壯碩士兵藏身其中。這座森林的長度，也足以讓另一組十四人的隊伍在路上巡邏，等待被伏擊。

你的職責，是溝通你的意圖

費柯迪士官長在集合而來的學員面前踱步。

「那麼，紳士們，今天的操練很簡單。你們將走上我們選好的路，教官將在某個時刻躲進濃密的矮樹叢。他們會以空包彈與仿真手榴彈發動伏擊，你們必須盡快協調出脫離殲敵區的路線。清楚嗎？」

「是的，費柯迪教官。」我們齊聲大喊。

「麥克雷文先生，召集你的排員。你們最先出發。」費柯迪說道。

我快速集合了其他十三名學員，讓大家組成巡邏隊形，領隊的是水兵戴夫·勒布朗（Dave LeBlanc）。勒布朗是班上最擅長閱讀地圖與使用指南針的人，也有著最敏銳的目光與聽力。身為排長的我，則走在第二位，在我正後方則是無線電通信兵。

我在行軍隊伍中的位置，讓我可以對領隊者下指示，然後轉身透過通信士向砲兵、空軍或海軍請求支援。過去每個排只有一臺無線電，排裡的溝通則得靠手語信號或在戰火之中大喊來傳達。

排在通信兵後面的人，分別是重機槍兵、七名步槍兵、醫療兵、另一名機槍兵，隊尾則是後衛。整體來看，我們算得上是一支火力強大的十四人小隊。

吉姆．瓦爾納（Jim Varner）上士走到隊伍前方。他是經驗豐富的艦隊水手，也是班上最資深的士兵。

「大家要注意麥克雷文先生的指示。」他說道：「如果他在第一波射擊中『活了下來』，他會告訴我們該往哪邊移動。教官會丟出煙霧彈與仿真手榴彈，所以要仔細聽麥克雷文先生的命令，以及看他的手語信號。」

擔任後衛的馬歇爾．魯賓（Marshall Lubin）也跟著開口：「而且要把他的命令確實傳到隊尾，我才不會被拋下！」

所有人點頭。他們都清楚整套程序。如果我說「往前」，我們會向前跑；如果我說「往左」，則會向左移動。在遭到伏擊時，最重要的關鍵是盡快脫離殲敵區，這需要所有人行動一致。**如果排長沒有溝通好想法、排員無法如一體般反應，或者眾人無法往同個方向開火，那麼慘劇將會無可避免。**

對武裝與空包彈助退器做完最後一次檢查後，隊伍開始移動。岸邊的霧氣已經消散，但平地開始吹起強風，鹹味與海獅巢穴的腐敗臭味充斥著我的鼻腔。我身穿綠色軍服、頭戴垂簷帽、腳踏帆布叢林靴、搭配裝有彈藥的H型戰術背心，手持 M16 步槍。我感覺自己從頭到腳都是個海豹隊員。

在空曠的平地巡邏約十五分鐘之後，我們來到通往矮樹叢的泥土路上。我打出手語信號，提醒大家這個區域可能會出現敵人，信號一路傳到隊尾。由於不知道攻擊會從何而來，我仔細聆聽任何不自然的聲響，雙眼也不斷前後左右掃視。

每個晃動的樹叢都吸引我的目光，每根被踩斷的樹枝都會促使我轉頭確認，太陽移動撒下的陰影則讓我看見不存在的人影——或者，真的有人？

標準軍規 M16 突擊步槍的扳機引力是七磅[1]，當射擊者扣下板機凸緣，在撞針接觸第一發子彈的底火之前，會發出一道喀噠聲——從扳機扣下到子彈擊發之間，只有一剎那，但你確實聽得見那道聲響。

「右側伏擊！右側伏擊！」有人在尖叫。

從我右方的高草叢中，突然響起震耳欲聾的空包彈擊發聲。伏擊已然展

1　編按：扣壓扳機，使槍枝擊發所需之力量。七磅約為三．二公斤。

開。同一時間，我的排員全都趴在地上，朝著高草叢開火。

「手榴彈！手榴彈！」又有人大喊。

緊鄰我的左方，一顆仿真手榴彈在領隊者側邊炸開，接著又來一顆，巨響衝擊我的耳朵導致暈眩效應。在我周遭的地面上，隊員還在繼續開火與換彈匣，等待我發出如何移動的命令。

草叢太濃密了，我們沒辦法隔著草叢反擊；往右也不可行，教官已經封鎖那條逃脫路線。我們唯一的選擇，似乎是往左，試著脫離殲敵區。我心底知道這會是教科書上的標準答案，不過我有個更好的點子。

我毫不遲疑的拿出另一個彈匣塞進步槍，然後跳出俯臥位置，跑向濃密草叢左側，並在我衝過領隊者的時候向他點頭——我要繞過草叢，攻擊教官的側翼，從他們的後方出現，親自反伏擊他們。**這將會棒極了**。

我彷彿著魔般衝過層層草叢，跳過幾顆小石塊，來到教官後方一塊無人鎮守的高地。我扣下扳機，向趴在高草叢後方的七道人影掃射。接著我往前走，同時有條不紊的向每個人射擊空包彈。

我們贏了。

「麥克雷文先生，請問你在搞什麼鬼？」費柯迪教官從地上跳起來大吼。

「殺掉壞人。」我迅速且自豪的回嘴。

達克．詹寧斯（Doc Jennings）是越戰時期少有的黑人蛙人，他從臥姿站起來，以非常鄙夷的表情看著我。

「這位先生，你真是個天殺的蠢蛋。」他說了類似這樣的話。

「你把你的排員留在了殲敵區。他們知道你在做什麼嗎？」

不知何故，事態並沒有照我想的那樣發展。

「麥克雷文先生，回去找你的排員。」詹寧斯嚴厲的說。

我以為最嚴格的責備已經結束了。我的排員當然會欣賞我的敏捷心思，他們會了解我在嘗試做什麼。我打敗了教官，這肯定有點價值。

「長官，你在搞什麼鬼？」但瓦爾納的話語與費柯迪如出一轍。

「我們不知道你跑去哪了。」勒布郎附和道。

我迅速試著解釋：「各位，我看到一個能攻擊敵人側翼、拯救整個排的機會，所以我立刻反應了。」

「這麼說吧，長官，那樣很好，但我們不知道你要做什麼或跑去哪裡。」馬歇爾．魯賓也靠過來加入對話。

「是啊，老兄，我以為你要從交火中逃跑。」

「不，不，不是這樣！拜託，夥伴們，我是在嘗試拯救整個排。」

「長官，恕我直言。」瓦爾納這次的語氣沒那麼尖銳：「你的職責是讓我們脫離殲敵區，是**溝通你的意圖，使我們可以一起行動並存活**。」

我只能點頭。我知道他們說的沒錯。

吉姆．瓦爾納說的那段話，在我後續的生涯中一直伴隨著我。我的職責，是讓我們脫離殲敵區，是溝通我的意圖，使我們可以一起行動並存活。

過度溝通才是適度溝通

遭遇真正的伏擊，面臨被真槍實彈射擊、命懸一線，天底下可沒有比這更令人膽寒、更重大的危機。但無論你是性命受到威脅，或只是事業遇到挑戰，成功的領袖都知道，**他們必須向基層人員溝通自己的行動**。

若你希望組織內所有人如一體般行動，你必須確保大家都清楚你的意圖並遵守指示，即使是最低階的員工也不例外。

在《美國陸軍遊騎兵手冊》（*U.S. Army Ranger Handbook*）的第一頁，寫著給「羅傑斯的遊騎兵」（Roger's Ranger）軍令。遊騎兵是在一七五六年，由羅伯特．羅傑斯（Robert Rogers）少校所創，他從美國殖民地居民中組建了九個連，並訓練他們參加英法北美戰爭（French and Indian War）。

羅傑斯出身新罕布夏州，是傑出的獵人、追蹤者與士兵。他起草了十九條「軍令」，要他麾下的遊騎兵熟背。雖然這些守則是在超過兩百年前制定的，現代陸軍遊騎兵仍然會記住它們。在超過兩世紀的時間中，這些守則每天都被指揮系統一再強化。它們最早是張貼在樹上的告示，接著被寫進《遊騎兵手冊》，如今則被放在網路上——穿戴遊騎兵軍標的所有人，都明白他們在戰場上必須做什麼。

在我指揮聯合特殊作戰部隊的時期，我們在全球各地都有部隊駐紮。有時候，我們一天會舉行六次視訊會議，不斷確保主持現場的指揮官理解我的命令，同時也從最低階的士兵獲取回饋。

幾年後，當我指揮美國所有的特戰行動時，我們會定期舉辦全員會議，並即時直播，會後則發送意見彙整文件。此外，我更下令「司令的意圖」——我對組織價值觀與組織目標的想法——要陳列在每間辦公室與每張桌上。在我退役後，也在德州大學系統使用相同的「過度溝通」哲學。

大家都明白良好溝通的重要性，但一再發生的現實是，**領袖未能確保他們的目標、目的、價值觀與意圖，有被基層人員明確理解**。這不是你能完全交給下屬的事情，必須親力親為，確保訊息被清楚傳達，同時也從中獲取組織變革所需的回饋。

所有領袖遲早會被麻煩事伏擊。或許是場重大危機，或許是一陣騷亂，或許只是一點小誤解，或許是一次良機。

只要記得，如果你準備積極行動，先確保大家都知道你要做什麼——**溝**

通、溝通，再溝通。

領導金句

1. 建立能夠雙向溝通的方法。
2. 確認大家都理解組織的價值觀與目標，連最低階的人員也不例外。
3. 永遠不要貿然採取重大行動，除非，你已經計畫好要如何告知基層人員。

第 16 章

比必要程度的努力，更努力

努力到成功所需，

這是消除別人對你疑慮的最好方法。

風暴鋒面迅速移動，黑雲在天邊高高升起，此時的風速達每小時二十海浬。聖克利門蒂島（San Clemente Island）周邊波濤洶湧，使我難以找到埋在水下十英尺沙地的混凝土障礙物。

我透過面罩看向霧氣與海水，又找到一座被浪潮淹掉一半的三叉鐵（scully）——四乘四平方英尺的大型混凝土塊，其上有著突出的鋼條。我拿起炸藥包，往下潛水至嵌在混凝土塊的鋼條處，然後把炸藥安置於混凝土塊旁。這個障礙物很大，而且正好位在兩棲登陸的路線上，如果沒有被摧毀，海軍陸戰隊所搭乘的麥克艇（Mike boats）就得改道並中止登陸[1]。

彼時我是水中爆破大隊第十一分隊的新進少尉，率領由二十一名蛙人組成的小隊。海軍與海軍陸戰隊的訓練管制員，已在兩棲攻擊部隊的移動路線上設置了十處三叉鐵。我們的任務是清除所有障礙，以便登陸作業進行。

儘管這只是一場訓練，嚴重受傷的可能性卻相當高。假使麥克艇被鐵條困

1 譯註：指LCM-8機械化登陸艇，麥克艇的名稱源於軍用音標字母中，M念作Mike。

住，導致無法避開波濤，就有可能發生翻船事故。

比必要的程度更努力

在本次訓練前，我們已做過詳盡計畫，確保有正確分量的塑膠炸藥、正確長度的導爆索、正確數量的保險絲與雷管，以及一如既往要多帶的充足備品。自二戰以來，海軍的蛙人就在太平洋各地清理海濱，也曾為諾曼第登陸做準備。有趣的是，清理海濱的作業自那時起便沒什麼改變：一隊蛙人會搭上高速小艇，船隻開到目的地附近後，會在與海岸線平行、水深約二十一英尺的地方讓蛙人入水。他們會攜帶塑膠板、油性筆與測深索（lead line）游至岸邊，同時一路潛水、確認哪裡有障礙物。

一旦所有人都游至岸邊又返回後，小艇會前來接應。回到母艦後，隊長會繪製出障礙物所在地，並規畫摧毀它們所需要的正確炸藥量，這些計算必須精準無誤——每個三叉鐵，都必須用裝著二十磅 C-4 炸藥的炸藥包引爆。

所有炸藥組裝完畢後，蛙人們會再度搭上小艇、游向岸邊，在各個障礙物上安置炸藥並引爆，為海軍陸戰隊開路。不過從沖繩、諾曼第、仁川到越南，四十年來清理海濱的經驗，讓蛙人獲得非常重要的教訓：無論何時，**如果你對於要用多少炸藥有疑慮，永遠要將分量超載**。

在執行解決方案時，不要只付出看似足夠的資源，永遠要投入更多精力、人力與權力。**當面對不確定性與疑慮時，這是確保成功的唯一辦法**。

五年後，我被派去率領美國東岸的一支海豹部隊，但我後來被撤職，重新分派至另一支部隊。當時我的職涯似乎要完蛋了，被人開除從不是什麼好事，而在海軍、尤其是在海豹部隊中被開除，更是糟糕透頂，因為部隊中每個人都認識你是誰。

然而幸運的是，約翰・山德士（John Sandoz）中校與瓊恩・懷特（Jon Wright）少校曾在水中爆破大隊第十一分隊與我共事，他們信任我、願意再給我機會率領一支新的海豹部隊。

我知道，第二次機會向來寥寥可數，而我能贏回蛙人同袍尊重的唯一辦法，就是**比任何人認為有必要的程度更努力、比計算中所需要的程度更努力，努力到能克服路上所面臨的任何障礙**。

如果任何人對我的承諾、能力、職業精神有任何疑慮，我將會投入更多努力到成功所需的一切事物中。每一天，「**若有疑慮，分量超載**」這句話都在我腦中複誦。一旦提及我的決心，我不會讓人產生一絲懷疑。隔年，我會成功完成海豹部隊的派駐任務、贏回蛙人同袍的尊重，並且重振我的職業生涯。

努力會創造機會

但在二十五年後，我發現自己再次落入類似的處境。那時我晉升為中將，剛接掌一項特戰行動，並看到一個機會，能拿下數名我們追查已久、位居蓋達組織網絡要角的人。唯一的問題在於，那些戰士的藏身處，都是基於政治敏感性，而無法在其中發動地面作戰的國家。

不過在花費數月說服中情局、國防部、國務院與白宮後，我獲准執行本項任務。好幾位同僚告誡我，如果事情不如預期，我恐怕會被提前解除職務。儘管如此，考量到捉拿這些人可獲得的情資代價，這仍值得冒險。

遺憾的是，我們並沒有抓到這五名壞蛋，執行任務的海豹隊員與敵方激烈交火，不得不中止任務。雖然全員生還返國，但顯然，我對這項行動的計畫與領導都失敗了。接下來的日子，這個結果讓我遭受大量檢視，我還曾無意中聽到一名高階軍官說：「或許麥克雷文不適合這份工作。」

此刻疑慮已滲入上司們的心——懷疑我的能力，懷疑我的領導力——而這種疑慮開始迅速擴散。我必須承認，我也曾自我懷疑過。但我從經驗中學到，消除那些疑慮的唯一辦法，就是更努力工作——該是分量超載的時候了。

我更早起床、工作到更晚、參加更多戰術行動、不斷研究戰場，而且大量減少睡眠時間。接下來，當下一個機會出現時，我已經準備就緒。

努力會創造機會，就是這麼簡單。

如果你曾經失足，那麼更要持續不斷加倍努力，邁向成功的機會自會出現。所有領袖都偶爾失敗過，而那些失敗可能會讓人對自己的願景、計畫、承諾、才能與領導力產生懷疑。但請永遠記得：**若有疑慮，分量超載。**

領導金句

1. 努力工作。大家都期待領袖會努力工作。
2. 更努力工作。投注更多努力，如此能激勵基層人員。
3. 盡最大努力工作。這樣便會開啟原本不存在的機會。

第 17 章

為你做的決策負責到底

先問自己：合乎倫理、法律、道德嗎？
如果做不到，你就該重新考慮這個決定。

一九二五年十月時，全美國都在關注國家英雄比利．米契爾（Billy Mitchell）的軍法審判。

米契爾是多次獲勛的飛行員，曾在一戰期間因空戰表現英勇及其功績，榮獲美國第二高等的勳章。但他同時也是空軍戰力的狂熱倡議家，他深信下一場戰爭即將到來，因此美國應當建立足以匹敵陸軍與海軍的一元化空軍。

米契爾相當堅定的認為，攜帶重型炸彈的飛機便足以炸沉戰艦。但海軍高層與白宮已說服議會出資建造更多艦艇，如今也強烈捍衛這個立場。海軍為了證明自身論點，曾多次安排展示以突顯戰艦的生存能力，但這些演習都被設計得對海軍有利，並被米契爾揭出其中的誤導之處。

最終，在堅持舉行公正的試驗後，米契爾毫無疑問的證明了空軍戰力能同時稱霸海洋與陸地。儘管如此，各軍種仍強烈反對建立一元化空軍的意見。米契爾後來遭軍法審判，因為他指控陸軍與海軍高層「對美國國防的管理，近乎是叛國」。

如果無法為自己辯護，也許你該重新考慮幾次

該次軍法審判的陪審團由十三名軍官組成，其中一人，是名為道格拉斯・麥克阿瑟的年輕少將。而為米契爾作證的人，則彷彿像軍中名人錄親自現身說法，包括一戰時期的王牌飛行員艾迪・瑞肯貝特（Eddie Rickenbacker）、哈普・阿諾德（Hap Arnold）將軍與卡爾・斯帕茨（Carl Spaatz）將軍，後兩位軍官，在未來都將領導美國空軍。

在為期七週的審判中，米契爾在軍官圍坐的「綠色長桌」前的陳述已可看出，他的立場從未動搖，始終堅持他在道德、法律與倫理面，都有義務向陸軍與海軍高層提出這些爭議。他表示，戰爭即將到來，若不承認必然發生之事並做好戰鬥計畫，近乎是叛國的舉動。

儘管受到眾多支持，並慷慨激昂的為自己辯護，米契爾被指控的罪名最終全數成立。十三名陪審員中，麥克阿瑟是唯一投下無罪票的軍官。他說：「**一名高級軍官不該因為意見跟上級或公認學說有分歧，便被限制言論。**」

七年後，早期也曾抨擊米契爾的富蘭克林・德拉諾・羅斯福（Franklin Delano Roosevelt），搖身一變、成為他最強大的支持者。到了一九四二年，德國上空已飛滿美軍轟炸機，而到了一九四七年，美國空軍更在議會法案授權下正式成立。

歷史可證，比利・米契爾在面對苛刻批評與扼殺職涯的威脅下仍堅定不移。他對空軍戰力毫無動搖的支持，以及在航空動員的道德立場，使米契爾將軍後來被稱為美國空軍之父。

引發嚴重後果的困難決策，需要謹慎思考。人生中，我常常發現自己陷入兩難，在「做我知道是對的事」與「其他人希望我做的事或權宜措施」之間拉扯。這種時刻，我總是會回到那個問題：「你能否站在那張綠色長桌前？」

你是否能向明事理的男女證明自己的正確、向那些妄加評判者辯駁自己決策有據，行為合乎道德、法律與倫理，並且符合組織的目標與目的？

如果做不到，你就該重新考慮自己的行為。但如果你能問心無愧的說，你的行為有理有據、明智的人都將跟你有相同看法，那麼你就該秉持信念，做出困難的決擇。

行為正確，就等於站在對的一邊

二〇〇一年，位於休士頓（Houston）、經營能源與大宗商品產業的安隆公司（Enron Corporation），被發現以系統化的手法詐騙客戶，最終導致公司高層入獄、安隆解體，以及一家全球頂尖的會計事務所倒閉。

在充滿洞見的《安隆風暴》（*Smartest Guys in the Room*）[1]一書中，作者貝瑟妮・麥克連（Bethany McLean）與彼得・艾爾金（Peter Elkind）指出，當時公司內已有多位資深員工察覺事有蹊蹺，但因為公司日進斗金，於是他們沒有追究。

這些經理遂以各種方式合理化自己的行為，從不去面對顯而易見的貪腐。在《安隆風暴》的結語，作者們發現「（被指控的經理們）在事後的合理化，與引發安隆慘案之起始心態驚人的相似。他們提出的論述狹隘且注重規則，拘泥於法規上微乎其微的文字解讀差異」。換句話說，這些組織高層因為賺了太多錢，便試圖合理化自己公司的不良行為。

同樣的狀況也在部分大學內發生，例如扭曲運動員招生規則、對性行為不端（sexual misconduct，包括性侵、性騷擾等）事態視而不見，或是給予高額捐款人特權。他們說服自己，在學生奪下全國冠軍、榮獲諾貝爾獎，或學校收下大禮後，便可以為其他學生帶來更多資源，所以他們的行為有理有據。

不過，每個領袖的行為遲早都會受到檢驗，不論是來自外部或內部。若想避免毀滅眾多職涯與組織的失足發生，你應該在做出任何決定、採取任何行動前，先套用以下三個問題：**這件事合乎倫理、法律與道德嗎？**

倫理——它符合規範嗎？

法律——它遵守法律嗎？

道德——它是不是你認為對的事？

1 譯註：本書尚無繁體中文版，但有同名改編電影。書名直譯為：《房間裡最聰明的傢伙：安隆的驚人崛起與可恥崩壞》。

儘管很多人或許會認為，道德上的對錯時常曖昧不清，**但絕非如此**。當我跟做出壞決策、必須面對後果的上司與下屬談話時，他們會說：「我心底知道這樣做不對，但是……。」他們總能找到理由來將事情合理化。

在擔任領導的經驗中，我發現每當面臨難以定奪的決策時，我幾乎總是知道哪個是對的答案。只不過，那個對的答案有時也令人難以接受，相關決策更難以制定——因為**我們並不是孤身一人活在這個世上，所有決策都會影響到其他人**。

做出艱難決策，有時代表會失去朋友、大家對你發怒、損失短期收益，甚至可能遭受軍法審判。但如果你明白自己遲早必須為這些行為負責，那麼當決定做出合乎道德、法律與倫理的行為後，**在未來，你很可能已站在歷史正確的一邊**。

領導金句

1. 確保決策全都合乎道德、法律與倫理。
2. 請自問：明智的人，是否會把你的行徑視為正直良善之舉。
3. 每個人都遲早必須為行為負責，所以永遠做「對」的事。

第18章

每個牛蛙都需要游泳夥伴

領導者必須強大，但也需要一個能對其表現脆弱的夥伴。你可以稱他們為僚機、副機師、副駕駛。

一名蛙人能給另一名蛙人最大的讚美，便是稱呼對方為「游泳夥伴」（swim buddy）。這個詞看來單純，但它傳達了一切——我們如何生活、如何戰鬥，有時還包括如何死亡。

夜間的水底非常黑暗，而游在你身邊的游泳夥伴，會永遠準備好在你耗盡氧氣時及時補充、在你被船下繩索纏住時為你解開，或是為你抵擋不受歡迎的來者。

當你空降時，你的游泳夥伴會在跳傘前幫忙檢查降落傘，並確保你在正確高度開傘。降落敵境後，在你身邊落地者也會是你的游泳夥伴。

當你在戰鬥中偵查時，將會是游泳夥伴走在側面、守護你的後方。也是由游泳夥伴負責火力支援，讓你得以移動到能對抗敵人的位置。有時候，為你犧牲性命的也會是游泳夥伴。

在海豹訓練中早早就會學到，無論什麼時候、做什麼事，都要有一位游泳夥伴——**能夠在你陷入困境時出手拯救的人**——陪伴。游泳夥伴不只是你潛水時的搭檔，更是護衛、良知、朋友，也常常會是你的救贖。

士官長的當頭棒喝

我關閉視訊會議的影像後默默坐著，震驚到無法言語。布拉格堡的醫師剛聯絡位在阿富汗巴格蘭的總部，通知我骨髓檢查的報告。

我罹患了癌症。

視訊中三名醫師向我保證，那種癌症是可以治癒的：「如果你非要得癌症，這已經是最好的一種。」但這可能會導致我的海豹部隊職涯告終。

我深吸幾口氣鎮定自己，然後走出小房間，返回另一側的辦公室。精力十足的克里斯．法瑞斯士官長正在等我。當時他已與我共事三年，是我的副手。戰爭會讓所有決策變得複雜，身為領袖，有時會難以做出對任務、對部隊、對你內心的道德而言對的事。克里斯總是能確保我這三個優先事項維持一致。

「將軍！我的將軍！長官，今天過得如何？」克里斯在我進門時笑著說。

「很好。」我回話時難以專注。

「您沒事吧？」克里斯問道。

我抬起頭來。

「對，我沒事。」

克里斯朝我的執行官亞特・賽拉斯（Art Sellers）中校一瞥。賽拉斯坐在辦公室中央的膠合板木桌旁，表情有點擔憂。克里斯跟賽拉斯交情很好，彼此似乎可以用心電感應來溝通。

「好吧，老闆。您怎麼了？」

我走進辦公室的內間，克里斯跟了過來。

「我剛才跟布拉格堡的醫師開了視訊會議。」

「然後……？」克里斯回話時有點猶豫。

「然後……他們說我得了癌症。」

克里斯陷入沉默。

「多嚴重？」

「他們說可以治癒，但也說，我必須立刻返回布拉格堡接受治療。」

克里斯找了個位子坐下。我看得出來，他正在考慮該怎麼處理這個訊息。

要同情我嗎？表達遺憾？還是為我打氣？

「嘿，老闆，冷靜點。您會渡過難關的。」

他抬頭看向時鐘。現在差不多是我每天開始晨間行動與情資簡報的時間，參與者包括全球的指揮官。

「您得準備好參加行動與情資簡報。來吧。」

我還沒準備好面對任何事情。但是克里斯堅定不移。他站在我的桌子正前方，直直看著我，接著說：「我們還有任務在身，大家都仰賴您。」

這不是我希望聽到的話。我希望士官長同情我。我希望全世界知道我受傷了，我需要大家的支持。我希望有人可憐我。

但克里斯堅決的說：「長官，我們出發吧。」

我勉為其難的從椅子起身，走向長廊另一側較大的指揮中心。

當我進入房間時，所有人起立致意。我坐進桌子中央的位子，還在努力振作。人人都看著我，等待我講點話、開始會議。但在我開口前，克里斯便詢問了昨晚的傷亡報告：誰受傷了？有人陣亡嗎？

在幾份受傷的報告傳到網路上後，克里斯對我露出某種表情。我看過那個表情幾百次了，那是在說：「將軍，您有在聽嗎？」

我聽到了。我也了解。我那微不足道的診斷，怎麼比得上被射殺或遭受土製炸彈攻擊的年輕官兵呢？我有什麼好抱怨的？

我決心掌管大局，做好自己的工作。

克里斯又問了幾項傷兵相關的事，然後把麥克風轉向我。

他對我露出心照不宣的淺笑，他確確實實做到了我需要他做的事。

現在，該是我奮起行動的時刻了。

在克里斯．法瑞斯與我共事的期間，我們執行過數十項戰鬥任務，成功完成拯救人質、突襲建築與發動飛彈攻擊等高機密行動。並不是所有任務都能順利執行，惡劣事態常使我感覺情緒低落。

有時候，指揮的重擔令人難以承受，要不是有克里斯堅定不移的支持，以及他讀透我心思的能力，知道他何時該開口、何時該安撫、何時該責備、何時該開玩笑、何時該刁難，以及何時該聽命行事，我就無法指揮得如此順利。

在我得知診斷結果後，克里斯讓我專注在重要的事情上。他在適合表達同情的時候會那麼做，但從不會讓我陷入自怨自艾。**這是嚴厲的愛**。當你認為自己是世界上唯一問題纏身的人時，你需要這種愛。

任何好的游泳夥伴都不會猶豫給你這種當頭棒喝式的激勵。因為他或她正是為此而存在。那年，我成功控制了病情，並讓職涯維持正軌，而且在克里斯的輔助下，我們完成了追擊賓．拉登的任務。

須足夠強大，也需有能讓其表現脆弱的夥伴

我曾看過許多組織的總裁或執行長，都認為自己必須足夠強壯，得獨力扛下領導日復一日的壓力。他們相信，如果自己對組織內的任何人暴露出一丁點示弱的跡象，便會減弱他們的地位。

儘管我常說，領袖「不能有日子不順遂的時刻」，但那只適用於公開場合的表現。眾目睽睽下，在基層人員、員工或股東面前，領袖永遠不能抱怨、不

能看起來灰心喪志，否則這種陰鬱的態度便會像野火燎原般蔓延整個組織。

不過，**所有領袖都會遇上不順遂的日子。所有領袖確實需要有人能與他們交談，也必須找到能夠信任的那個人。**

游泳夥伴是人生的必備要素。不管你把他們稱為僚機、副機師、大副、副駕駛、史基普與吉利根（Skipper and Gilligan）[1]、塞爾瑪與露易絲（Thelma and Louise）[2]、巴尼與佛萊德（Barney and Fred）[3]、兄弟、姊妹、丈夫、妻子、伴侶，你愛怎麼叫就怎麼叫。但假使你沒有一位好的游泳夥伴，你註定會做出壞決策、獨自對抗生命中的苦難、有時沉溺於自憐，而且無論做什麼都不會有充實感。所有蛙人都知道，當面對人生中的滾滾波濤時，永遠都需要一位好的游泳夥伴。

---

1 譯註：出自一九六〇年代美國影集《吉利根之島》（*Gilligan's Island*），劇中史基普是船長，吉利根是大副。

2 譯註：出自電影《末路狂花》（*Thelma & Louise*），劇中塞爾瑪與露易絲為相偕逃亡的女主角。

3 譯註：出自動畫《摩登原始人》（*The Flintstones*），劇中佛萊德是中年上班族，巴尼是他的鄰居與親密好友。

領導金句

1. 尋找能毫無保留信任的人。當面對巨大壓力時，準備好依靠他們。
2. 無論他們是支持或批評你，都請以同樣的風度接受。
3. 成為其他人的游泳夥伴，外頭也有人需要你！

結語
領導看似困難，原則卻很簡單

在暢銷歷史小說《火之門》（*Gates of Fire*）中，作者史蒂芬．帕斯費爾德（Steven Pressfield）向讀者描述了西元前四百八十年溫泉關戰役（Battle of Thermopylae）的故事。

當時，薛西斯大帝（Xerxes the Great）率領十五萬波斯大軍進攻希臘，而唯一擋在薛西斯與西方世界之間的人，是列奧尼達王（King Leonidas）率領的三百名斯巴達人。

斯巴達人鎮守於溫泉關的狹窄通道，在列奧尼達的領導下，他們抵抗波斯人足足三天，最終只有一人存活。但波斯軍也付出了沉重代價，導致薛西斯決定撤退，再也沒有回來。

當波斯人離開希臘時，薛西斯下令把倖存的斯巴達人帶到自己面前。對方在戰後傷勢嚴重且精疲力盡，卻仍堅強不屈的站著面對薛西斯。薛西斯想知道，為何那三百名斯巴達人奮戰不懈？為何他們願意為列奧尼達王犧牲一切？是什麼東西讓那名國王成為這麼厲害的領袖？

斯巴達人這樣回答：

「當將士在戰場上拋頭顱灑熱血時，國王不會待在帳篷裡。當將士挨餓時，國王不會用餐。當將士守在哨所監視敵人時，國王不會入睡。在確認將士的忠誠時，國王不以恐懼威脅，也不以金錢收買；他以親身流汗、為將士們承受痛苦的方式，博取他們的敬愛。即使是最嚴苛的重擔，國王也會最早舉起、最晚放下。國王不需要他率領的人服侍他，反而會為他的臣民將士服務……。」

雖然《火之門》是對該戰役的虛構創作，但沒什麼能比帕斯費爾德筆下那位斯巴達人的遺言，更貼切的描述何為領導。但我們多數人都不是列奧尼達王，我們面對的挑戰也多半沒有大到能夠拯救大半個世界。儘管如此，無論你是在抵抗軍隊入侵，或只是領導咖啡館內的小團體，領導的原則依然通用。

首先也是最重要的，**務必要努力成為講求誠信的領袖**，為人誠實公平，不撒謊、不欺騙、不盜竊。並尋找內心有共鳴的道德準則：西點軍校學員的榮譽準則、女童軍規律、希波克拉底誓詞，或是《基督教聖經》（*Bible*）、《希伯來聖經》（*Hebrew Bible*）、《古蘭經》裡面的經文。

言行要堅守倫理，並且明白即使自己失足，你仍能找到方法返回重視榮譽的人生。同時也要了解，透過成為講求誠信的領袖，你已為你的組織創造了強盛的文化，因為所有組織的文化都是由頂端做起。如果無法親身實踐品行端正的標準，又怎能期盼其他人做到呢？

儘管品格是領導的基礎，**光是擁有卓越品格仍不足以邁向成功，你必須也要有能力**。既有品格、又有才能，便能獲得上司、同僚與下屬的信任。擁有信任，人們將會追隨你；若欠缺信任，你可能會發現自己得獨自向山頭衝鋒，或是孤身防衛關口。

領袖必須**昂首闊步、具有適度的自信，藉此展示你是擔當這份工作的正確人選**。你的自信會為其他人注入信心，使他們相信自己能夠面對挑戰，相信無論阻礙多艱鉅，領袖都會挺身而出，率領他們邁向成功。

但別把狂妄誤解成自信。你務必要謙遜到能看出團隊裡所有人的價值、謙遜到在有必要時尋求諮詢。自信與謙遜，並非無法並存的事物。

如果沒打算解決問題，你就不是當領袖的料

身為領袖有時讓人精疲力盡。請想想在新冠疫情猖獗時，站在第一線的醫師與護理師；或是當九一一攻擊後，雙子星大樓倒塌時的急救人員；抑或派駐於伊拉克拉馬迪（Ramadi）的年輕陸軍上尉，還有在阿富汗的婦女交往小組（Female Engagement Team）成員。這些工作時間既長又事關重大，有時壓力大到令人不堪承受，感覺彷彿組織內的所有重擔都由你一肩扛下。這就是為什麼，領袖需要有耐力。

你必須在體能、情緒與心靈上保持強壯。你的部屬將會從你身上取得力量，如果你表現出疲態，或遲遲不面對挑戰，將會導致你的員工流失精力，組織也因而受害。

解決問題是領導的核心：問題可能是要與英國交戰的烏合之眾、解體中的合眾國、侵門踏戶的日本帝國海軍艦隊、爆炸的鑽井平臺、中斷的供應鏈、對學校不滿意的家長，或是一勝難求的小聯盟球隊。

如果沒打算解決問題，你就不是當領袖的料。處理艱鉅挑戰的唯一辦法，便是挺身面對。不要含糊其詞、不要迴避問題、不要委由低階人員處理。你要主動出擊，展現領導力，並全心全意的親自投入。

老實說，大家都喜歡敢於豪賭的人：使用奇招戰術的教練、押注雞蛋水餃股的投資客，或是規畫大膽突襲的將軍。我們熱愛扭轉劣勢而獲勝的情境，也希望自己的領袖願意承擔風險，因為所有人都知道「不入虎穴，焉得虎子」。

但永遠要記得，冒風險與太大膽之間是有差異的。身為領袖，你不能毫不在意員工的福祉、公司的資源，或組織的未來。**必須敢於冒險，但也要透過廣**

泛的規畫、準備，與適切的執行來控制風險。

那些能當上成功領袖的人，都擁有使他們鶴立雞群的品格。他們為人正直可信、自信但不失謙遜、耐力十足、積極主動，而且不會害怕承擔風險。這些品格是優質領導力的基石，但優良領袖也必須採取行動來實踐目標。

聖母大學（Notre Dame）的校長約翰．詹金斯（John Jenkins）神父曾說：「永遠不要讓人說，我們的夢想太小。」世上所有偉大領袖的夢想，永遠都不會太小。他們有無所畏懼的願景——登陸月球、根絕天花、人人平等、打造使用永續能源的世界、奪下全國冠軍，或開發新的商業模式。而在願景之外，領袖還必須以詳盡的計畫與辛勤努力（**不能只是一廂情願的想法**），作為實現願景的穩固基石。

擁有計畫後也必須了解，一個重要且必然發生的結果，那就是**任何計畫都無法完美執行**。無論是適用於整個任務的大戰略，或只是小型交戰戰術，永遠要準備好依現場情勢調整計畫。你要有B計畫，且時常需要C計畫、D計畫，甚至是E計畫。

角落辦公室的陷阱

每個願景、公司戰略或宏偉計畫，都必須由領袖定出並設定評量基準。基層人員渴望接受挑戰。他們希望自己加入的團隊具有高標準、雄心壯志、目標遠大。人人都想成為贏家。

與我共事過的所有偉大領袖，都知道與麾下子弟共享苦難的必要性。若想獲得部屬的信賴，最快速的辦法就是親自花時間去工廠現場、交易所、倉庫、診所或散兵坑一同奮戰。

高級主管辦公室、角落辦公室、總辦公室，或最大的隔間，都可能成為某種陷阱，**使你自以為地位比你服務的人更高等，但絕非如此**。身為領袖，不管在哪種地方辦公，都不要閉門不出。請離開辦公室，花時間跟員工相處。這樣你便能欣賞他們的工作、理解他們的挑戰，並啟發你想出改善業務的洞見。

領袖的工作，是確保組織的營運盡量達成高效率與高效能，這代表需要不斷適當的監督。基層人員勢必會抗拒，但如果他們知道那是你的優先考量，加上你不只介入檢查，還會親自檢查，他們就會把監督視為對組織重要且有價值的任務，並最終接受。

在所有措施中，**溝通顯然能使全體員工由上而下的保持一致**。因此，無論是在擘畫願景、打造戰略、規畫計畫，或是檢查工廠，永遠確保你有妥善溝通你的目標與期待，以及最重要的一項：**你的感激**。你為組織設定的方向，員工可能喜歡，也可能不喜歡，但他們永遠會樂於知道領袖腦袋裡在想什麼、打算邁向何處。

美國開國元勛之一，湯瑪斯．傑佛遜（Thomas Jefferson）有句常被引述的名言：「**我越努力，似乎就越幸運**。」我得說，在你的領導工具之中，沒有比努力工作更具價值的舉動了。

努力工作能創造機會，能為你博得部屬好評，能增長知識、理解、同理心與洞察力，能克服才能方面的不足。而當你在領袖的道路上失足時，彌補傷害最快速的辦法仍然是努力工作。

從定義上來說，所有領袖都職掌某種事物。不論你職掌的是咖啡館、漢堡店、零售店、幼稚園、高中、大學、企業、醫院、華爾街銀行或政府機關，你都對別人負責：對你的員工、客戶、雇主與監督者負責。

這些責任都到你為止，不容再推卸。**偉大的領袖都必須承擔責任、接受問責。永遠確保你的行為合乎道德、法律與倫理。**

最後，所有領袖都無法對工作造成的壓力免疫。若想成功，我們都需要找到強而有力的夥伴，能夠在跌倒時伸手扶持、拍掉塵土，鼓勵我們繼續前進；能夠告知真相，給予嚴厲的愛，評論但不帶批判，並指引我們安度艱困時刻。

在所有偉大領袖的背後，都有一名偉大的夥伴。

領導要不斷努力，讓世人看到你的本事

柯林．鮑爾在著作《致勝領導》（*It Worked for Me*）中提到一則故事。曾有位老將軍坐在軍官俱樂部，一名剛升階的年輕陸軍上尉前來請益。當將軍喝到第三杯馬丁尼的時候，年輕上尉才鼓足勇氣跟這位資深軍官搭話。將軍的態

度謙遜有禮，兩人稍微閒聊後，上尉終於提出他真心想問的話題。

「您是怎麼當到將軍的？」上尉問道。

將軍回答：「孩子，你得這麼做。你要做牛做馬般努力、永不停止學習，嚴格訓練部隊並照顧他們。你得為指揮官與士兵獻上忠誠，同時盡力把每項任務做到最好，而且熱愛陸軍。還得準備好為任務與部隊犧牲性命。必須做到的事情就是這些。」

上尉回覆：「哇，所以您就是這樣當到將軍的嗎？」

將軍再答道：「不對，那只是當到中尉的辦法。**你需要不斷做到這些事，讓所有人看見你有什麼本事。**」

領導著實困難，雖然我已擔任領導職位超過四十年，仍在學習如何當個更好的領袖。我學習的對象包括課堂上的學生、工作上的同僚、董事會成員，以及我的家人與好友。

但正如那位老將軍的建議，我所知道關於領導的一件事，就是你必須每天都盡己所能，而且堅持不懈，讓大家看見你的本事。

此外要切記，領導雖然困難，但不複雜。期盼你在踏上成為更優秀領袖的道路時，能夠從我這個老牛蛙的智慧中，尋得些許價值。

指引我職涯的至理名言

1. **榮譽，領導的根本：**不撒謊、不欺騙、不盜竊，也絕不容忍別人這樣做。
2. **信任由四字組成：品格、才能：**想成為主管，你必須受到員工信任。
3. **握住那該死的舵，開始指揮吧：**永遠不要被人看到你筋疲力竭的模樣。
4. **就算被派到管理花車，也要做到最棒：**把微小任務做到引以為榮，人們便認為你值得更大挑戰。
5. **唯一輕鬆的一天，是昨天：**領導需要付出努力，每日皆然。
6. **直面問題，跑向槍聲的所在：**身先士卒，是最有效的命令。
7. **沒人出面？我來！：**起而行卻犯錯，遠比「不行動」的錯輕微得多！
8. **勇者得勝：**展現勇氣，不等於魯莽行事。
9. **只有希望沒有計畫，就是在作夢：**喊口號，不能稱之為戰略。

10. **有備案嗎？**：永遠要規畫最壞狀況下的計畫。
11. **贏家都得付出代價**：組織邁向偉大的唯一方法，便是設下高標準。
12. **牧羊人應該聞起來像他的羊**：和部屬共享苦難，傾聽基層的聲音。
13. **成敗的關鍵：士氣**：士氣不只讓員工感覺良好，還讓他們覺得被重視。
14. **親自檢查**：嚴格的評比與檢查，這是確保你為部屬設下的高標準，被遵守的唯一方法。
15. **行動前，確保部屬知道你要做什麼**：過度溝通，才是適度溝通。
16. **比必要程度的努力，更努力**：努力能消除疑慮，努力會創造機會。
17. **為你做的決策負責到底**：請自問：你做的事合乎倫理、法律、道德嗎？
18. **每個牛蛙都需要游泳夥伴**：領導須足夠強大，也需要有能讓其表現脆弱的夥伴。

致謝

感謝我的朋友鮑勃·巴尼特（Bob Barnett），他總是為我的最大利益著想。此外，我還要感謝本書原版編輯肖恩·德斯蒙德（Sean Desmond）和原版書出版社樺榭圖書集團（Hachette Books）的優秀團隊，感謝他們的堅定支持。

國家圖書館出版品預行編目（CIP）資料

唯一輕鬆的一天，是昨天：檢驗領導者是否適任的至簡標準。人生問題的最佳指引。/ 威廉・麥克雷文 (William H. McRaven) 著；李皓歆譯 .
-- 初版 . -- 臺北市：大是文化有限公司，2024.06
240 面；14.8×21 公分 . --（Biz；454）
譯　自：The Wisdom of the Bullfrog: Leadership Made Simple (But Not Easy)
ISBN 978-626-7377-89-5（平裝）

1. CST：領導者　2. CST：組織管理　3. CST：溝通技巧

494.2　113000553

Biz 454

唯一輕鬆的一天，是昨天

檢驗領導者是否適任的至簡標準。人生問題的最佳指引。

作　　者／威廉．麥克雷文（William H. McRaven）
譯　　者／李皓歆
責任編輯／楊皓
校對編輯／楊明玉
副 主 編／蕭麗娟
副總編輯／顏惠君
總 編 輯／吳依瑋
發 行 人／徐仲秋
會計助理／李秀娟
會　　計／許鳳雪
版權主任／劉宗德
版權經理／郝麗珍
行銷企劃／徐千晴
業務助理／連玉
業務專員／馬絮盈、留婉茹
行銷、業務與網路書店總監／林裕安
總 經 理／陳絜吾

出 版 者／大是文化有限公司
臺北市 100 衡陽路 7 號 8 樓
編輯部電話：（02）23757911
購書相關諮詢請洽：（02）23757911 分機 122
24 小時讀者服務傳真：（02）23756999
讀者服務 E-mail：dscsms28@gmail.com
郵政劃撥帳號：19983366　戶名：大是文化有限公司

法律顧問／永然聯合法律事務所
香港發行／豐達出版發行有限公司　Rich Publishing & Distribution Ltd
地址：香港柴灣永泰道 70 號柴灣工業城第 2 期 1805 室
Unit 1805, Ph.2, Chai Wan Ind City, 70 Wing Tai Rd, Chai Wan, Hong Kong
電話：21726513　傳真：21724355　E-mail：cary@subseasy.com.hk

封 面 設 計／兒日設計
內 頁 排 版／吳思融
印　　　刷／鴻霖印刷傳媒股份有限公司
出 版 日 期／ 2024 年 6 月初版
定　　　價／新臺幣 390 元（缺頁或裝訂錯誤的書，請寄回更換）
I S B N／ 978-626-7377-89-5
電子書 ISBN／ 9786267377888（PDF）
9786267377871（EPUB）